洛伦茨科普经典系列

狗 的 家 世

狗的家世

[奥]康拉德·洛伦茨 著

张冰洁 译

中信出版集团 · 北京

图书在版编目（CIP）数据

狗的家世 /（奥）洛伦茨著；张冰洁译.
-- 北京：中信出版社，2012.11（2024.7重印）
书名原文：So kam der Mensch auf den Hund
ISBN 978-7-5086-3645-0

Ⅰ.①狗… Ⅱ.①洛…②张… Ⅲ.①犬－普及读物 Ⅳ.①Q959.838-49

中国版本图书馆CIP数据核字（2012）第254958号

So kam der Mensch auf den Hund
Author: Konrad Lorenz
Title: So kam der Mensch auf den Hund
First published by Verlag Dr. Borotha Schoeler, Vienna 1949 Copyright©1983 Deutscher
Taschenbuch Verlag GmbH & Co.KG, Munich/Germany
Chinese language edition arranged through HERCULES Business & Culture GmbH, Germany
本书仅限中国大陆地区发行销售

狗的家世

著　　者：[奥]康拉德·洛伦茨
译　　者：张冰洁
出版发行：中信出版集团股份有限公司
　　　　　（北京市朝阳区东三环北路27号嘉铭中心　邮编　100020）
承　印　者：北京通州皇家印刷厂

开　　本：787mm×1092mm　1/32　　　印　张：7　　　字　数：92千字
版　　次：2012年11月第1版　　　印　次：2024年7月第14次印刷
京权图字：01-2009-7044
书　　号：ISBN 978-7-5086-3645-0
定　　价：35.00元

目 录

在路径的交叉点，猎人听到了道路一旁传来的号叫，寻声而去，它们看见了豺留在草地上的脚印。豺比人类先一步追上了母马并将它逼入绝境。从那一刻开始，人类和狗的祖先就形成了一起追寻猎物的默契：豺在前面追，猎人跟在后面。至于它的后裔——狗，能经常自主地带领人类寻找猎物的足迹，不知又是多少年之后的事了。

狗对主人的依赖，有两种完全不同的起源：第一种源于野生小狗与母亲之间终生维系的情感。第二种则起源于野狗对群体首领的忠诚，或是源于群体成员之间的彼此依赖。相比于豺狗的顺从特征，狼狗对主人更像伙伴，它们对主人的忠诚更接近于人类之间的状态。

接下来发生的一切我永远不会忘记：斯塔西在疯狂前冲的过程中停了下来，这段时间遭受的精神上的折磨彻底地改变了它的性格，使这只最驯服的动物在几个月内忘记了礼仪、法令和规矩，它鼻孔朝天，贪婪地消化着随风飘来的信息，发出了一声令人毛骨悚然但却异常凄美的狼嚎声，几个月来的苦闷、压抑终于得到了释放。

对狗实施惩罚时要注意：执行者应该是真心地爱这个犯错者，自己在惩罚犯错者的过程中可能会更心痛。惩罚的等级要视具体情况而定。狗对惩罚的敏感度大不相同，对那些神经高度紧张、极为敏感的狗来说，轻轻拍打对它们造成的影响也许比那些强壮、迟钝的狗受到严厉殴打时的影响更大。

狗在展示"礼貌的表情"时耳朵仍向后放平，但有时也会靠在一起，嘴角会和"防御表情"时一样向后撤，但不是像埋怨般地向下撤，而是向上翘起。在人类眼中，此表情含有邀请玩耍的意味，接下来会张开下颚露出舌头，几乎触到眼部，咧开嘴角，笑容越发明显。

对犬种的选择以及后来主人与狗之间的关系发展能揭示很多东西。和人际关系一样，明显的互补性差异和很强的相似度通常会孕育双方共同的幸福。在老夫老妻之间总是有一种类似兄妹之间的相似特征。同样的，主人和狗一起长期生活后，其行为方式会很相似，这既感人又有趣。

敏感的狗对自己深爱的主人的孩子尤其温和，就好像知道孩子对主人的重要性一样。所以担心狗会伤害孩子是十分荒谬的。相反，如果狗对孩子过于容忍的话才会有危害，可能会让孩子变得粗暴，不顾及他人，因此家长必须十分警惕这点，尤其是家有像圣伯纳犬和纽芬兰犬这样体形高大，性情温和的品种。

当下，人们本来就很容易伤感，如果长期和同样忧郁、不时发出深深叹息来证明其存在的动物待在一起的话，我想对大多数人都不太好。快乐、滑稽的狗之所以如此受欢迎，很大程度上归因于我们对快乐的渴望。

繁育狗时，不可能指望它们同时拥有完美的外表和良好的心理素质，这是一个很遗憾但却不能否认的事实。同时符合这两项要求的狗及其罕见，想借它们的品种繁衍后代也不那么容易。就像我想不起哪位伟大的智者还兼具阿多尼斯（希腊神话中的美男子）或哪位倾国倾城女子的容貌。

我第一次意识到一个既让我悲痛又给我安慰的事实，即野兽的杀戮行为和仇恨无关。这看起来顺理成章，但又非常矛盾。野兽对打算杀死的动物没有任何怨恨，就像我对晚餐时的火腿一样无冤无仇，厨房里飘散出来的肉香只会让我度过一个非常愉快的夜晚。

动物和人类之间有围栏存在，动物会感觉安全些，因为人无法侵入它的"逃离距离"。动物甚至会与围栏另一边的人类产生友好的社会接触。但人类如果以为动物允许自己隔栏抚摸它就贸然进入其领地，动物可能会吓得跑掉，也可能会发动攻击，因为"逃离距离"和范围更小的"临界距离"都因为围栏的失效而受到侵犯。

若想让哺乳动物的母亲收养陌生的婴儿，那么最好将婴儿以最无助的形式放在它的窝外。孤独、无助的小家伙躺在窝外，会比窝中的幼崽更容易刺激雌性的抚育本能。但如果直接把孤儿放在它的孩子中间，那么它极可能被当作入侵者，随时有被杀的危险。即使从人类角度上看，这种行为也是可以被理解的。

通常情况下，狗的独立性越强，学习和自由创造的表达方式越多，它们保留该物种野生形式的特有动作就会越少。因此，家养化过程越高的狗，其行为表达就越自由，适应性就越强，当然在这里智力也是非常重要的因素。在一定情况下，更靠近野生形式且特别聪明的狗，比那些野性本能少且稍微迟钝的狗，更能创造出精彩复杂的表达情感的行为举止。本能的退化只是开启了智慧之门，而并非是智力的退化。

这个故事让我想到了老是吹嘘自己的狗是多么英勇或者资质多么好的人，我通常会问他是不是现在还养着这条狗。他们的回答多是"没有啦，我不得不放弃，因为我要搬到另一个城市去，我的新家太小啦；我换了工作，养狗不太方便"。更让我惊讶的是，许多道德健全的人并不为此感到羞愧。动物的权利不仅被法律条文剥夺了，也被更多人的无情、迟钝践踏了。

动物天堂是缓解神经紧张的灵丹妙药，使现代人那纷繁杂乱的心得到净化，同时治愈他们身体上的诸多疼痛。当我回归到这种不用思考的"天堂"中，即使身心得不到治愈，动物的陪伴也会让我得到释放。这就是为什么我总是需要忠诚的狗来陪伴的根本原因。

如果我骑车的路线不合斯塔西的心意，它马上就装瘸。早晨在去上班的路上，这只可怜的狗跛得十分厉害，几乎是在我的自行车后蹒跚前行，但一到下午，当我们全速行驶20公里去科泽尔海时，它甚至不会跟在车后边跑，而是沿着它十分熟悉的路线，在我车前飞快地跑着，周一的时候，又会再次装瘸。

在人类语言的最高意识上，真正的道德标准是以动物没有的精神能力为前提的。相反，如果没有一定的感情基础，人类的责任也无从谈起。即使是人类的道德意识，也根植于内心深处的本能"层面"上，所以即使按"层面"上的理性做事也未必不会受到惩罚。当伦理标准充分地为某一行为辩护时，内心的本能情感却可能在反抗，这时，如果一味地听从理性，忽视感性的话，人类便会十分痛苦。

狗的个体差异非常明显，因为它们作为家养的动物，在行为上，比那些非家养的动物展现出更多的个体差异性。相反地，在它们的内心深处和主人的本能情感却十分相似，一个人在爱犬死后，立刻饲养一只同种类的小狗，那么人类因"老朋友"死亡的内心空虚很快就会被这只小狗填满。

第一章

人与狗的渊源

在路径的交叉点，猎人听到了道路一旁传来的号叫，寻声而去，它们看见了豺留在草地上的脚印。豺比人类先一步追上了母马并将它逼入绝境。从那一刻开始，人类和狗的祖先就形成了一起追寻猎物的默契：豺在前面追，猎人跟在后面。至于它的后裔——狗，能经常自主地带领人类寻找猎物的足迹，不知又是多少年之后的事了。

一些生物拥有敏锐的嗅觉，

以及瞭望者一样的洞察力，

人类的安全多么需要这些技能，

可惜动物却无法向我们传授，并满足我们的渴望。

——威廉·考珀（William Cowper）①

　　一小群衣不蔽体的野蛮人正在穿越平原中茂密的草丛，向前方迈进。他们的体形外貌与当今人类并无差别，有的手握尖尖的骨叉，有的甚至配有弓箭，即使是文化程度最低的现代人，也会觉得他们的行为是格格不入的。几乎所有现代

---

① 威廉·考珀（1731~1800）英国诗人，浪漫主义诗歌的先行者之一。——编者注

人都会认为这些行为更接近于动物的特征。他们并不像万物
之灵的人类，对世界毫无畏惧。相反，他们的黑眼睛不安地
来回转动着，时不时地左顾右盼，看起来充满着恐惧，仿佛
受惊的小鹿。他们总是与灌木丛和大草原中的高植被保持一
定距离，因为其中经常埋伏着大型食肉猛兽。看，一只大羚
羊不知从哪儿突然跳了出来，发出瑟瑟声响。他们吓了一大
跳，匆忙举起长矛，准备应敌。等到他们发现这是一只无攻
击性的动物后，恐惧逐渐平复下来，兴奋地说个不停，最
后甚至高兴地大笑，但这欢乐的气氛不久就消失殆尽。

　　这个部落有充分的理由心情沮丧。上个月，一支实力
更强大、人员更多的部落逼迫他们放弃原有的猎场，他们不
得不向西部平原迁徙，那里经常会有大型野兽出没。这支部
落的前首领是位经验丰富的老猎人，几周前不幸身亡了。那
天晚上，一只剑齿虎企图偷袭部落里的一个女孩，首领在救
女孩时受了伤。众人奋起迎敌，他们将长矛全部对准老虎，
首领首当其冲，可是不幸的是，他受到老虎的重创。女孩当
场就死了，首领第二天也离他们而去。一周后，老虎因为腹
部受伤而死去，这可能是对这个小部落的唯一安慰。这支部
落现在只有5名成年男子，剩下的都是妇孺，而5个人绝对
没有能力击退大型猛兽的攻击。新的首领也不像前首领那么
经验丰富、骁勇善战，但他的目光却更明亮，前额也较高。

因为缺乏睡眠，部落里的人们已经支撑不住了。在之前的领地上，他们经常围着火堆过夜，虽然直到现在，人们还没意识到他们的守夜卫士——豺（Jackal）正紧跟其后。豺跟着部落行进的足迹，搜寻被猎杀动物的残骸，并在夜里绕着他们的营地围成一圈。事实上，人类与令他们厌烦的跟随者之间毫无友谊可谈。任何敢靠近火堆的豺都不会免于猛烈的攻击，偶尔，人们会用弓箭对付它们，尽管人们很少在这些引不起人食欲的动物身上浪费弓箭。

即使在今天，许多人仍视狗为行为不洁的动物，这都是拜它们那声名狼藉的祖先所赐。其实，豺在一定程度上对人类是有帮助的：它们的存在使人类不用另设守卫，因为猛兽一旦靠近，它们的叫声就会让人类意识到侵略者就在不远处。

这些原始人类，粗心大意而且考虑不周，并没有意识到这些四条腿追随者的用处。但当豺不再跟随他们的时候，营地周围离奇的寂静却令人窒息，甚至连那些没有看守责任的人，也不敢闭眼休息。由于部落中可以用来守卫的强壮男子太少了，他们个个都精疲力竭，警觉性也降低了。所以这一小群人，疲倦不堪，紧张万分，郁郁寡欢，在前进的道路上，一有风吹草动，就立刻全副武装，即使在警报证明有误的时候，他们也很少像当初那样开心。每当夜晚来临的时候，恐惧会沉重地压在每个人的心头，人们在过去一直被未知的恐惧所困扰。即使是现在，黑暗的夜晚也会成为孩子恐惧的来源，对成人而言，黑夜也是一种邪恶的象征。在过去，食肉猛兽会在夜晚出没捕食，这段有关黑暗势力的记忆由来已久。因此，对于我们的祖先而言，黑夜无疑承载了无限的恐惧。

这群人保持紧密队形沉默前行，开始寻找一个远离浓密灌木丛、能避免野兽攻击的地方。找到落脚点之后，他们重复着以往缓慢而烦琐的程序，升起营火，开始烧烤并分割当天共同努力得来的战利品。其实，晚餐就是剑齿虎吃剩下的野猪残骸，这还是这些男人奋力赶走一群非洲野狗后的所得。在当今人类眼中，引不起任何食欲的残缺尸骨，却引来这个部落其他人的垂涎，首领不得不亲自看管吃剩的骨架，防止其他人禁不住诱惑而偷吃。突然，所有人不约而同地像一群受惊的鹿似的转向来时的方向。他们听到了动物的呼叫声，奇怪的是，和大多数动物的叫声不同，这个声音不带任何威胁性。一般来说只有狩猎动物才会喊叫，被猎杀的动物长久以来已经学会了保持沉默。对于这些流浪者来说，这个声音似乎像从"家里"传出的信号，意味着较为幸福和安逸的时光，因为这是豺的叫声。这个部落的人兴奋得像个孩子似的，匆匆返回传出声音的地方。他们心中有种莫名的感动，满怀期待地站在那儿。突然间，高额头的年轻首领做出了令其他人十分费解的行为：他从尸体的骨架割下一块粘着肉的外皮，扔在地上。部落里的一些年轻成员认为把好好的肉扔掉太可惜，想要捡起食物，首领皱起眉头，低声地呵斥了他们。他将还粘着肉的外皮留在原地，拿起剩下的尸体骨架，命令部落继续前进。刚走没几步，紧挨着首领的那个男人为了那块被扔掉的肉和首领争执起来，这个男子智商不高，但身体却比首领强壮，首领十分愤怒，严厉地呵斥了他。可只走了大约10米远，又有一个男人返回去捡那块肉。首领追了上去，那个人刚要将散发着臭味的肉放到嘴里，首领就用肩膀将他撞退了几步。这两个男人额头紧皱，面部因愤怒而扭曲，对峙了几秒后，第二个男人忍受不住首领的目光，低下头喃喃自语，然后跟着部落继续前进了。

没有人意识到他刚刚目睹了一个划时代的事件，这一天才的举动在历史上的意义，大于特洛伊城的陷落，大于火药的发明。即使这位高额头的首领自己都不知道为什么会那么做，他只是凭直觉做出了这个举动，希望豺能离他们近些。他想既然他们是逆风而行，那么肉的香味应该能随风飘到号叫的豺鼻中，多么明智的判断啊！部落继续前行，但仍然没有找到一个安全的落脚处。几百米后，首领又继续他之前的诡异行为，也因此引起部落其他男人的不满。首领第三次扔下肉之后，部落成员就好似要暴动的叛军一样，首领只有大声怒斥才能让大家安静下来。穿过灌木丛后，映入眼帘的是一片开阔的平原，部落成员这才稍微放松紧张的心情。大家围在篝火旁，有些人仍抱怨首领刚才的行为，但他们饱餐美味之后就逐渐安静下来，好不容易度过了一个安稳的夜晚。

　　风已减弱，在寂静的夜晚中，这群原始人灵敏的听觉，甚至可以听到很远处的声音。首领突然命令大家保持安静。所有人立刻静止不动，远处又一次响起了比之前还响亮的动物叫声。从声音可以判断出，豺群已经发现了首领留下的第一块肉，其中两只豺还因争抢战利品而打了起来。首领开心地笑了，并下达了继续前进的命令。过了一会儿，咆哮和撕咬的声音更清楚了，这群人聚精会神地听着。突然，第二次捡肉的那位男子猛地转过头，紧张地凝视着首领，而首领此时正面带微笑地听着豺的打斗声。此刻，这个男人终于明白了首领之前的意图。拿起几个没有什么肉的肋骨，走近首领，咧起嘴笑了。然后他用胳膊肘轻轻推了推首领，模仿豺的狂吠声，与此同时他拿着这些肋骨朝他们来时的方向走去，把骨头放在离营地不远的地方，然后起身看向首领，而首领也一直饶有兴趣地看着他。他们彼此相视，然后放声大笑起来，就像孩童沉浸在某些成功的恶作剧中一样，扬扬自得。

天色已暗，营火烧得正旺，首领又一次给出了保持安静的指示。这次甚至可以听见豺啃骨头的声音，借着火光，隐隐可以看见一只沉浸在美食中的豺。首领抬起了头，担忧地看了大家一眼，但看到大家都没有要动的意思，才放心地回到筵席中，而大家则继续默默地注视着首领。这是真正意义上划时代的举动：人类第一次主动给动物喂食！饭后部落成员们躺下休息，他们已经好久没这么安心地睡过觉了。

时光飞逝，世纪更替，豺被越来越多地驯服，甚至成群地聚集在人类营地周围。人类现在已经开始捕猎野马和鹿，而豺的生活习性也发生了变化：以前它们昼伏夜出，而现在，一些强壮聪明的豺甚至可以在白天跟着狩猎的人类。因此，便有下面的一段插曲：猎人发现了受伤的怀孕野马的踪迹，他们非常兴奋，因为这个部落已经断粮一段时间了。豺也比平时更加急切地跟随着人类，因为在这段时间内它们也几乎没有获得任何战利品。母马由于失血过多而体力不支，实在跑不动了，但依据同族老马的经验，它布下了一个虚假的足迹：它在一条路上来回奔跑一段距离后，突然跳进了拐弯处的灌木丛中。这种诡计经常能够使受伤的动物幸免于难，这次也不例外，猎人站在足迹消失的地方，困惑不已。

豺与猎人保持一定的安全距离，它们仍不敢太靠近这群喧哗的人类。它们追踪人类的足迹而非野马的足迹，这容易理解，因为它们不想单独去追赶体形大于自身的猎物。这些豺通常会从人类那里获得大型动物的残羹，而这些动物的气味对它们来说已具有特殊意义，它们一看到血迹就联想到即将到手的食物。这天，这群豺特别饥饿，鲜血的味道强烈地刺激了它们的嗅觉。接下来发生的事情开创了人类和他的"家臣"之间的一种崭新关系：一只长着灰色鼻子的母豺，可能是这群豺的首领，发现了被猎人忽视的带血的岔道。于是，豺纷纷转弯，跟着足迹追踪，而猎人此时也意识到这是猎物布下的障眼法，沿路返回寻找猎物。在路径的交叉点，他们听到了道路一旁传来了豺的号叫，寻声而去，他们看见了豺留在草地上的脚印。豺比人类先一步追上了母马并将它逼入绝境。从那一刻开始，人类和狗的祖先就形成了一起追寻猎物的默契：豺在前面追，猎人跟在后面。

当一只大型野生动物被豺逼入绝境时，一个特定的心理机制起着至关重要的作用：从人类手下侥幸逃脱的鹿、熊、和野猪，遇到追来的豺就会毫不犹豫地抵御，对这些较小侵略者的愤怒，使它们忘记了身后更危险的敌人。同样，这只疲惫的老马也把豺当成一群懦弱的笨蛋，哪只豺敢靠近的话，它就立刻用前蹄对豺发起猛烈的进攻。一会儿，母马就累得气喘吁吁，在原地打转，放弃了逃跑的念头。与此同时，听到豺叫声的猎人们已集中到了战斗现场。在首领的命令下，大家悄悄地包围猎物。豺见状刚要散去，但看到没人干扰它们，便决定留在现场。此刻，豺的首领已全无恐惧，对着母马狂吠，当母马被长矛刺中倒在地上时，豺急忙跑上前，紧紧咬住母马的喉咙，直到猎人的首领靠近尸体时才稍稍后退了几步。这个首领，也许就是那个最先喂肉给豺的首领的曾曾曾孙子。他撕开仍在抽搐的母马腹部，扯下一部分肠子，直接将它扔到了豺的身边。这只长着灰色鼻子的母豺首领往后退了几步，发现这个人类首领并无恶意，而是发出了豺经常在火堆旁听到的友好的声音。于是，母豺奔上前去，用尖牙叼着战利品，一边咀嚼，一边撤退。它偷偷地瞅了一眼这名男子，开始轻轻地来回摆动尾巴。这是豺第一次对人类摇尾巴，而人类和狗之间的友谊因此又进了一步。即使像犬科动物这样聪明的野生动物，也无法通过一个意外经历而掌握一种完整且全新的行为模式。除非相同的情况反复出现，通过联想才会建立一种新的行为模式。这只母豺再次在大猎物布下虚假陷阱后给猎人领路已是几个月后的事情了。至于它的后裔——狗，能经常自主地带领人类寻找猎物的足迹，不知又是多少年之后的事了。

　　后石器时代开始时，人类似乎才开始建立定居点。为了安全起见，我们所知道的第一批房子建在了湖泊、河流，甚至波罗的海的浅滩处。当时，狗已经成为家养的动物。因为在波罗的海沿岸柱式房屋附近首次发现了类似于戎马狗的头骨遗骸。经证实，该骸骨具有豺血统，但也有明显被驯养过的痕迹。

最重要的是虽然那时豺的分布比今天更广泛，但波罗的海沿岸却没有豺的踪影。十之八九是因为人类在向北或向西迁移的过程中，将驯化的狗或半驯服的豺带到了那里。当人类开始在水上建立住所并发明了独木舟时（这两个创新，无疑意味着文化的进步），人类与他的四条腿的追随者的关系也必然要发生改变。因为房屋建在水上，豺再也无法围绕在人类营地的周围，也无法保卫主人的家园。我们可以合理地假设，当人类第一次搬到柱式住宅时，会选择饲养一些听话的、擅长追踪猎物的半驯服的豺，从而使它们成为真正意义上的家犬。即使在今天，不同民族的养狗方式也各不相同。其中最原始的就是让一大群狗聚集在人类住所周围，狗与人类保持一种松散的关系。我们在欧洲的乡间发现了另一种养狗方式：几条狗同时属于某一家庭并依赖于一位特定的主人。这种关系很可能是随着柱式房屋的发展演化而成。少数能适应柱式房屋生活的狗，自然得进行近亲交配，因此真正的家犬特征就遗传了下来。这个假设通过以下两项事实得到证实：第一，短鼻孔，头骨凸起的草坪犬（Turf Dog），肯定是豺驯化后的产物；其次，这种狗的遗骨只出现在湖上居民定居点的遗址处。

湖上居民养的狗，一定要完全驯服才能进入独木舟，或在水与栈桥的中间地带游泳。一只半驯服的流浪狗无论如何也无法做到这点。即使是我家的幼犬，也需要耐心地诱哄，才愿意和我一起乘船、坐电车和火车。

当人类开始建立自己的柱式房屋时，狗可能已经被驯服了，或者另一种可能就是狗在建造房屋的过程中被驯服了。可以想象，那个时候的女人和小女孩曾把一只无父无母的小狗带回家中养大。也许这只小狗就是剑齿虎嘴下唯一的幸存者。这只小家伙可能会哭闹，但没有人会因此而讨厌它，因为那时的人类没有那么敏感。

但是，当男人出门狩猎，妇女忙于捕鱼时，我们可以想象，湖上居民的女儿可能是根据小狗的呜咽声，在某个洞里找到了它。小家伙毫无畏惧、步履蹒跚地朝小女孩走去，伸出舌头舔着小女孩伸过来的手。这只软软的、胖乎乎的小东西，无疑勾起了这个早期石器时代小女孩的爱怜，让她禁不住想要抱着它，想要它永远陪在自己身边，就像我们这个时代的女孩一样。引起这种行为的母性本能由来已久：这个石器时代的小女孩模仿妇女们的动作，给小狗喂食，她看到小狗贪吃食物时的喜悦，绝不亚于今天的妇女精心准备的食物得到客人赞赏时的喜悦。回到家的父母看到这只沉睡的、养得很肥的小狗，无疑是震惊不已。当然，父亲想立刻淹死这只小狗，但他的小女儿不断地哭泣，抱着父亲的腿苦苦哀求，父亲寸步难行，不得不将小狗放下，当他跪下来想再次捡起小狗时，小女儿已怀抱着小狗，满含泪水地站在房间最远的角落里。即使是石器时代的父亲也不是铁石心肠，所以小狗被允许留了下来。它不久就长成了一只又大、又壮的动物，这归功于充足的食物供给，但它对小女儿热切的喜欢已经发生了转变。尽管身为部落首领的父亲很少关注这只狗，但这只狗的忠诚对象逐渐从孩子转向了父亲。事实上，野生的狗，此时也该脱离母亲了。虽然这个小女孩在这只小狗的生命中扮演着母亲的角色，但现在她的父亲却成为这只狗坚定不移的效忠对象。起初，男人觉得小狗的依恋很烦人，但他很快意识到这只温顺的狗在狩猎时比那些在房子周围闲逛的半野生的豺更有用。豺对人类仍存有畏惧，而且总是在抓捕被困的猎物时，临阵脱逃。相反，这只驯养的狗比他那些野生的同类勇敢得多。长期生活在柱式房屋中，他没有与大型野兽打斗的痛苦经历。所以狗很快成为男人的亲密伙伴，但这让小女儿很气愤，因为父亲总是长期不在家，她很少有机会看到之前的伙伴。然而，春季正是豺产子的时期，一天晚上，父亲拿着一个袋子回来，里面还发出吱吱的声音。父亲一打开袋子，小女儿就兴奋地跳了起来，原来袋子里是4只毛茸茸的小狗。只有母亲表情严肃地说："两只就够了啊……"

上面的故事真的发生过吗？尽管我们都没有生活在那个年代，但根据我们所了解的知识，可能真是如此。同时，我们也必须承认我们无法确定是不是只有亚洲胡狼（Canis Aureus）才以上述方式依赖于人类。事实上，在地球上的其他地区，可能仍有各种像狼一样的大型豺被驯化和杂交繁殖，就像许多其他的家畜起源于多个野生的祖先一样。支持该理论的一个强有力的论据是，亚洲野狗没有与亚洲胡狼杂交的倾向。赛比尔（Shebbeare）先生友好地提醒我注意一个事实，即在东方的很多地方，有许多杂交狗和金豺，但它们之间从来没有杂交过。但是可以确定的是北方狼不是大多数家犬的祖先，这点已被证实。只有个别犬种具有狼的血统，它们的特殊性也证明了它们只是例外。身体方面与狼相似的犬种，如爱斯基摩犬（Eskimo Dogs）、萨摩耶犬（Samoyeds）、俄罗斯莱卡犬（Russian Laikas）、松狮犬（Chowchows）等，它们全都起源于最北端，但没有一个具有纯粹的狼族血统。我们在一定程度上可以假设，人类在不断向北迁移的过程中，带着一些已经被驯化且带有豺血统的狗，这些狗和带有狼血统的动物反复杂交后，才有了以上这些品种。关于带有狼血统的狗的心理习性，我之后会更详细地阐述。

第二章

忠诚的两种起源

　　狗对主人的依赖，有两种完全不同的起源：第一种源于野生小狗与母亲之间终生维系的情感。第二种则起源于野狗对群体首领的忠诚，或是源于群体成员之间的彼此依赖。相比于豺狗的顺从特征，狼狗对主人更像伙伴，它们对主人的忠诚更接近于人类之间的状态。

养过狗的人都知道，狗的性格大相径庭。即使是同卵双胞胎的狗，也无法像人类双胞胎那样相似；因为其主体的无限复杂性，性格分析无法像自然科学那样精确，但人类仍可能通过比较个体特性，在一定程度上解释狗具有不同性情的原因。狗的性格较之人类相对简单，通过研究某一特质的发展及其对个体的影响，很容易解释其形成不同性格倾向的原因。对狗的性格进行的完整科学分析，无疑将有利于比较心理学的研究。因为，根据对这种较简单生物的研究，可以衍生出关于最神秘、最复杂的生物——人的分析方法。

　　当然，在这本书中，我并没打算获得关于家犬的科学性格学，但我会试图阐述几种先天的倾向，尤其是其中的两种，正是二者的相互作用，产生了大不相同的犬科性格。狗的这些特性，也是决定其与主人关系的关键因素，因此，爱狗者对此很感兴趣。狗对主人的依赖，有两种完全不同的起源：第一种源于野生小狗与母亲之间终生维系的情感，例如，家犬终生都会保持幼时的特性。第二种则起源于野狗对群体首领的忠诚，或是源于群体成员之间的彼此依赖。与拥有豺血统的狗相比，这种起源对于拥有狼血统的犬种影响更深，因为群居生活在狼的生命中起了更大的作用。

如果人们将一只未经驯养的幼狼带回家，并像家犬一样饲养，那么人们完全可以相信，这只野生动物幼时对人的依赖，会和家犬对主人终生不变的情感一样。这种幼狼比较羞怯，偏爱阴暗的角落，十分抵触独自穿过空地。它对陌生人极不信任，如果陌生人试图抚摸它，可能会被毫无征兆地咬伤。幼狼天生具有"因恐惧而咬人"的习性，但对于主人，它就像幼犬一样，充满着深情和依赖。通常情况下，母狼终究会对公狼首领唯命是从。有经验的驯兽师，可能会在母狼幼时依赖性逐渐减少的时期，成功地取得首领的地位，从而确保了它对自己永久的情感。一名维也纳的警务督察，在这方面非常成功，其驯养的著名母狼——"波尔蒂"就是很好的证明。但若想用这套方法训练公狼，驯兽师必然会大失所望，因为公狼一旦长大，就会完全独立，不再服从主人。尽管它不会对主人心存恶意，仍视主人为朋友，但绝不再盲目地服从主人。它甚至试图征服主人，从而获得首领的地位。狼牙的巨大威力，时常会使这个过程充满血腥。

在我养过的一只澳洲野犬（Dingo）身上，也发生过同样的事情。它出生5天后，我就开始收养它，并让我的母狗哺乳这个小家伙。在其训练上，我花费了很长时间，也遇到了许多麻烦。这只野狗并没有攻击或试图征服我，但最初的那种顺从在它长大之后却莫名地消失了。它小时候的行为和大多数狗一样，在犯错受罚时，会用顺从或恳求的姿态安抚生气的主人，并表达内心的愧疚，直到得到主人的原谅。然而，它的行为在一岁半左右时却完全改变了。虽然它仍会接受所有惩罚，甚至对挨打也毫不抵抗，但惩罚一结束，它就会摇晃身体，并友好地朝我摆摆尾巴，然后跑开，邀请我去追赶它。换言之，惩罚不会影响它继续作恶的心情，即使受到惩罚，它仍再三试图谋杀我的宝贝鸭子。到了一定年龄，它便失去了陪我散步的兴趣，总是不搭理我的召唤，随意跑开。不过，我必须强调它依然对我极其友好，无论我们何时偶遇，它都会以犬科动物热情的礼仪问候我。人类绝不要指望野生动物会把人类和它的同类伙伴区别对待，我的澳洲野犬心中一定对我存有最温暖的情感，它长大后，可能会对另一个人产生感情，但顺从和尊重绝不在这些感情之列。

就像野生幼犬通常会服从其同种的年长动物一样，家养驯化程度较深的狗，主要是拥有豺血统的狗，也会终身依赖主人。但与野狗不同，这并不是家犬终身保留的唯一幼时特性。草坪犬终生都具有短毛、卷尾、吊耳、鼻孔缩短和头骨凸出的特征，而野狗在幼时才有这样的特征。

与大多数性格特征一样，稚气因其程度不同，可以成为优点或缺点。完全缺少稚气的狗可能是从心理上对独立性有兴趣，但它们的主人对此并不乐见，因为它们是屡教不改的"流浪者"，偶尔才会现身在所有者的房子中，它们不认"主人"。它们长大后可能会变得具有危险性，由于缺少典型犬科动物的顺从，就如同对其他狗一样，它们对撕咬人类"毫无感觉"。尽管我谴责这种流浪性及其对主人忠诚的缺失，但我必须补充一点，过分坚持幼时依赖性可能导致同完全缺失依赖性一样的后果。尽管对于大多数家犬来说，保持一定程度的幼时依赖性是它们忠诚的开始，但过分沉溺其中可能导致完全相反的结果。诚然，这样的狗对主人有着深厚的感情，但是它们也会对其他人产生这样的情感。在《所罗门王的指环》中，我曾将这种狗与那些被宠坏的孩子作过比较，那些孩子会喊"叔叔、阿姨"，向人问好，对每个陌生人都有混乱的亲密。过分稚气的狗并不是不知道谁是它的主人，相反，见到主人它会很高兴，比见到陌生人时更热情，但是下一秒钟，它马上会离开主人，向下一个遇到的人跑去。它对所有人不加选择地亲密是过分幼稚的结果，这点通过这类狗的整体行为得到证实：它们总是过多地嬉戏，即使长到一岁以后，别的狗已经开始成熟，它们还是这样，仍会咀嚼主人的鞋或将窗帘拽掉。尤其是它们仍然保持奴性的顺从，而其他的狗在几个月后，就已经拥有了健全的自信。遇到陌生人时，它们会尽职地吠叫，当遭到严厉地呵斥后，它们就会谄媚地跑到人身后，任何牵着它们皮带另一端的人都会被视作威严的主人。

真正忠诚的狗的理想性格，是介于过分依赖和完全独立之间的。这种狗比想象中的稀少，而且肯定比一般养狗者天真想象中的还要稀少。

为了让狗忠于它的主人，保持一定程度的幼时依赖性是必要的。但这种倾向过多的话，会让狗对所有人产生相同的顺从和尊重。因此，只有相对较少的狗，才能够真正抵御那些侵犯它们主人的人，不是因为它们对攻击不感兴趣，而是因为任何人都是其尊重的对象，要想让它们进行攻击，几乎是不可能的。我的那只小法国斗牛犬（French Bulldog）对任何人都会愤怒地吠叫，甚至对家里的成员也不例外，无论是生气还是开玩笑，谁也不敢向我伸手，因为它会狠狠地咬住和摇晃冒犯者，但它总是小心地避免咬到人的皮肤。我的德国牧羊犬（Alsatian）——提托，甚至连和我辩论的对手也咬，但它从来没有真正伤害过任何人，即使是那个来我们院中乞讨的流浪者和它那凶残无比的后代——斯塔西。在它俩的上一次战斗中，斯塔西跳到它的背上，并没有咬伤它。我不知道如果有人真的攻击我，这两只母狗会有何反应，但它们远比法国斗牛犬敏锐，它们从未被假的攻击激怒过，只是会生气地瞪我一眼，然后走开。因此，我倾向于认为它们也同样能识别真正的攻击，并采取相应的措施。

那些血液中或多或少拥有狼血统的犬种，与那些可能出身于中欧，拥有豺血统的犬种，在忠诚度上极不相同。我很怀疑，是否有某种犬种是狼的直系后裔。当然，我有充分的理由相信，当定居在北极圈的人类开始与北极狼有接触的时候，他们已经有豺狗的陪伴了。狼与北欧人饲养的豺狗杂交，显然发生得相对较晚，肯定比第一批家养的豺狗要晚。因为狼强壮且顽强，所以尽可能地通过优胜劣汰和种族繁殖留下最好的基因和血统。但其产生的物种，对那些居住在北极区想要驯服小野狼的居民来说，可能是一个不小的麻烦。狼的近亲杂交的直接结果就是，拥有狼血统的狗幼时对家养的依赖性，没有中欧血统物种的明显。这种依赖性逐渐被源于狼的特殊习性所取代。豺是一种食腐肉的动物，而狼则是纯粹的食肉动物，依靠伙伴的协助猎杀大型动物，是它们在寒冷的季节维持生计的唯一手段。

为了获得足够营养，狼群不得不广泛狩猎，当遇到大猎物时，成员间必须互相支持。严格的社会组织，对首领的完全忠诚，是这个物种在艰苦的生存环境中取得成功的必要条件。狼的这些属性，无疑清楚地解释了豺狗与狼狗的显著差异，人类自然十分喜欢具备这些属性的狗。前者视它们的主人为家长，而后者更多视主人为部落的首领，它们对主人的行为也相应不同。

相比于豺狗的顺从特征，对主人少了些谦恭和顺从的狼狗，拥有自己的自尊，它们对主人的忠诚更接近于"人类与人类"之间的状态。另一方面，狼狗比豺狗对主人更忠诚。狼狗不像那些家养的狗，具有恋父情结，它们不会先将主人视作父亲，之后又视作上帝。它对待主人，更像是伙伴，尽管它与主人之间更为亲密的关系，很难轻易转移给另一个人。年轻狼狗对某人的独特依赖，会发生特别的变化，就像孩子对父亲般的依赖，之后逐渐过渡到部落成员对首领的依赖。在没有同类陪伴环境中长大的狗，和那些拥有同一个"家长"和"首领"的狗，会有相同的情感变化。这种现象

和那些在青春期与家人分离，远离家里所有的传统，接受了
新思想的年轻人一样。在情感最易受影响的时期，当心让这
些年轻人迷上错误的偶像！

第三章

犬科动物的性格

接下来发生的一切我永远不会忘记：斯塔西在疯狂前冲的过程中停了下来，这段时间遭受的精神上的折磨彻底地改变了它的性格，使这只最驯服的动物在几个月内忘记了礼仪、法令和规矩，它鼻孔朝天，贪婪地消化着随风飘来的信息，发出了一声令人毛骨悚然但却异常凄美的狼嚎声，几个月来的苦闷、压抑终于得到了释放。

在本章中，我将通过几个具体例子，来说明前面所述的特征是如何影响狗的性格的。在这过程之中，通过大体上对两种性格迥异的狗进行比较，发现它们其中一种完全存有幼时依赖性，一种完全没有依赖性并且对群首领相当忠诚，这往往与前面述及的那些特征相关。

　　我们以一只具有过多幼时依赖性的狗为例。这是一只叫克洛基的达克斯猎犬（Dachshund）[①]，是一个与我关系很好但对动物没有任何了解的亲友赠送的。那时，虽然我只是一个小男孩，但却已经是一名活跃的自然主义者。我之所以叫它克洛基，是因为这个友好的赠送者最初送给我的是一只鳄

---

① 达克斯猎犬（Dachshund），因体形修长俗称"腊肠犬"。——编者注

鱼，但是因为我饲养它的玻璃容器热度不够而拒绝吃东西，因此，我到宠物店里去交换，而克洛基是外表上和它最像的动物。达克斯猎犬是一种贵族动物，身长腿短，很像一只鳄鱼，它那悬垂的耳朵总是耷拉到地上。第一次见我时，它非常友好，就好像是见到了久违的主人一样开心。当然，我也很高兴，直到我发现了它对所有的人都一样。人类对它的过分宠爱，让它着迷，所以它对所有人都很友好。它从不对人吠叫，即使它可能更喜欢我和我的家人，但当我们不在家的时候，它也很容易跟着陌生人走。这种情况在它长大后也没有改善，我们得经常从它待过的朋友家中把它抱回来。最终，我的一位表姐，十分喜爱它，将它带去格林津（奥地利的古镇）。在维也纳这片热闹的郊区，它过着混乱的生活。在各种各样的家庭待过长短不同的时间，有时也会被拐走，然后再被卖掉，而一些不知情的人，甚至会对它的"忠诚"着迷。我想，可能是一位十分了解这只狗的习性的狗贩，不时地将它拐走、贩卖，并以此维持生计。

与这只达克斯猎犬截然相反的是沃尔夫，它是我们家现在的一只看门狗。这是一只典型的，没有幼时依赖性，完全独立的狼狗，不服从于任何人。事实上，它认为自己是我们家的首领，而它的性格取决于它独特的经历。

通常，狼狗的情感可塑期相对较早，在大约5个月的时候，它便会将情感寄托给一个人。我曾因为不知道这个事实而付出了很大的代价：我家的第一只松狮犬，是我给妻子的生日礼物。为了给妻子一个惊喜，我在妻子生日前一个星期，将这只小狗寄养在表姐家（那时它还不到6个月大）。难以置信的是，这7天的相处使这只小狗对我表姐产生了永久的情感。可想而知，事态的发展让这份生日礼物的价值大打折扣。尽管我的表姐很少来我们家，但这只喜怒无常的小松狮犬，很明显是将我的表姐，而非我的妻子，视作它真正的主人。无可否认，在日后的时间里，它逐渐喜欢上我的妻子，但是如果我当初直接将它从养狗场带回家的话，它对妻子的情感会更深。即使多年后，它似乎仍会为了它的第一个主人而离开我们。

狗选择主人的时间，可能不经意间就错过了。也许是因为在养狗场里待了太长时间，或是其他一些别的原因，使它有没有机会找到合适的主人。在这两种情况下，狗会形成一种非常独立的性格，就像沃尔夫一样。它出生于"二战"结束后不久，尽管那时食物非常稀缺，但我的妻子仍然饲养它，想把它作为我归家的礼物。不幸的是，我的归期无限期地延迟了。在沃尔夫情感最易受影响的时期，它没有依赖上任何人。而那时，它的妹妹住在邻村的一个收税员家，这位收税员是一位充满激情的爱狗者，也是一位成功的松狮饲养员。沃尔夫没用多久，就在那豪华的新家中，找到了它的妹妹，并在它大约7个月大的时候也住了进去。依靠那独特的高傲魅力，它混进了附近至少两个家庭，而且，在一段时期内，有4个家庭自以为自己拥有这只漂亮的狗。就在这种方式中，它长到了18个月大。

1948年，我终于从俄罗斯的战俘营返回家中，我暗地里巧妙地设法得到了沃尔夫的信任，如今，它会主动陪我长途漫步。但无可否认，我永远无法保证它不会突然因为其他一些利益而抛弃我。让它与我保持亲密的唯一办法，就是鼓励它陪伴在我的自行车后面，而我会逐渐增加一起出行的路程。在狗独自旅行无法到达的完全陌生地区，人类是其唯一熟悉的朋友。那么，狗对主人的情感，就如同狼对那带它穿越未知领域且经验丰富的首领的情感一样。要想让狗将一个人视为主人，据我所知，没有比这更好的方法。环境越陌生，它与主人的联系就越密切。因此将动物置于让它感到迷惑的环境，尤其有效。将一只在乡下长大的狗带到城镇去，那里电车、汽车、各种怪味以及来自人类的刺激，都会打击它的自信心，使它害怕失去人类朋友，这样的话，即使最不听话的动物，也会像训练有素的警犬一样。当然，我们也必须避免将它带到过于恐怖的地区，否则，尽管第一次它会坚持忠诚地跟着主人，但第二次时，它会毫不犹豫地拒绝。在这种情况下，如果强行用狗链拖拽，只会达到相反的效果。

最终我赢得了沃尔夫的尊重。如今，它放弃别的住处回到我家，承认我是它的主人。无论我到哪儿，它都会陪着我，即使那个地方令它不舒服。但即便如此，它仍然没有任何完全服从的迹象，即使现在，它也会不时地消失几天。也就是最近，在周末我总是找不到它的影子。之前我没有发现，直到周末客人来访时，我想让客人看看它，才注意到它已不知去向。谜题的答案就是，它竟然每个周六下午和周日一整天都泡在酒吧里！显然它发现了这个热情好客的房子里的"美食"特别丰富，而且那里有两只漂亮的母松狮犬，更是让它犹如在家中那样轻松自在、乐此不疲。

我和沃尔夫之间的友谊，虽不是那么亲密，但依然给我带来了无尽的启示和快乐。对于一名动物心理学家来说，研究一只对人类不忠诚、不顺从的狗，是件非常有趣的事。沃尔夫是我熟悉的第一只这样的狗。非常有趣的是，如果这只傲慢的狗向人们表现它的喜爱，那么，任何人（包括我自己在内）都会受宠若惊。甚至我的另一只狗——苏西都对它十分尊敬，这也让我嫉妒不已。

在描述了达克斯猎犬克洛基，以及性格与之截然相反、对主人没有任何依赖的松狮犬沃尔夫之后，我将描绘第三类犬的性格。我的母狗斯塔西就是典型的代表。它对主人的情感，完美地结合了从曾祖母提托那里继承的幼时依赖性以及从拥有狼血统的祖先那里继承的对首领的绝对忠诚性。

斯塔西于1940年初春出生在我家，在它7个月大时，我开始训练它。无论是外表还是性格，它都完美地继承了德国牧羊犬和松狮犬的优点。鼻口尖长，颊骨宽大，眼斜耳短且耳毛浓密，尾部短小多毛，而且弹跳力极强，体态十分优美。这让它看起来更像是一只小母狼，只有它身上那金红色的体毛还保留着其豺的血统，但真正可贵的还是它的性格。它以惊人的速度学会了被人用皮带牵着走，紧跟着主人走和躺下等技能。它偶尔会自发地清洁房屋，而且也不会伤害家禽，所以，没有必要在这方面对它进行训练。

然而两个月后，由于被邀请到柯尼斯堡大学做心理学教授，我于1940年9月2日离开了家，我与这只狗的联系也因此被打断。圣诞节期间，我回家度过了一个短暂的假期。见到我时，斯塔西的热烈欢迎表明了它对我的情感未曾改变。之前教它的东西，它依然可以做得很好，这的确是那只和我分离了4个月的狗。但当我准备再离开时，悲剧发生了。许多爱狗者会明白我的意思。在我打包行李前，它就变得十分沮丧，片刻也不肯离开我。它神经极其紧张，每次我一离开屋子，它就跳起来跟着我，即使我去厕所也不例外。当行李打包好后准备离开时，可怜的斯塔西痛苦万分，几近绝望。它开始不吃东西，呼吸也变得异常，浅薄的喘息时常被深深地叹气打断。出发那天，我们决定将它关起来，防止它为了跟着我做出什么暴力举动。但奇怪的是，这几天与我形影不离的小母狗，竟独自躲避到花园中，任凭我怎么叫它，都没有反应。原本最听话的它，已经变得非常倔犟不驯服，我们想尽办法，也抓不住它。最后，我像往常一样，推着手推车和行李，带着孩子向车站出发。而此时，斯塔西垂着尾巴，鬃毛竖起，眼露凶光，一直和我们保持20多米的距离，跟在我们身后。到达车站后，我最后一次试图抓住它，但仍没成功。在我踏上火车时，它摆出一副挑衅姿态，站在一个安全距离处，疑惑地盯着我。火车开出站时，它仍然站在原地不动。但当引擎开始加速时，斯塔西突然向前冲去，在火车旁飞奔，试图跳上车。为了防止它跳上来，我一直站在火车前面三车厢的平台上（奥地利当地的火车车尾，有相当宽敞的平台，与车厢相连）。稍后，我跑上前，抓着它的脖子和臀部，将它从已经开得很快的火车上推了下去。它巧妙地着地，没有摔倒。此时，它不再摆出目中无人的态度，只是竖起耳朵，脑袋偏向了一侧，直直地凝视，直到火车从视线中消失。

在柯尼斯堡，我很快就收到了关于斯塔西的恼人消息：

它将我们邻居的母鸡全都杀了，并开始在这一地区躁动地漫游，它不再是那只训练有素的狗了，并拒绝服从任何人。它现在唯一的用处就是看门，因为它已经变得越来越凶猛。在它犯下谋杀母鸡、血洗兔笼等累累罪行后，又差点将邮差的裤子撕碎，最后，只能让它去看守院子。坐在毗邻房子西侧台阶上的它，悲伤，孤独。事实上，它只是与人孤立起来。从圣诞节后到来年7月份，它一直被当作一只野生动物，和另一只野生动物关了一起。

1941年的6月末，我回到了阿尔腾贝格，径直走进花园去看望斯塔西。当我走上通向阳台的台阶时，两只狗朝我猛冲过来。走到台阶顶端后，我站立不动，由于风向的原因，它们闻不出我的气味，所以两只狗一面愤怒地吠叫，一边向我靠近。我以为它们能根据外表认出我来，但实际没有。突然，斯塔西嗅出了我的气味，接下来发生的一切我永远不会忘记：在疯狂向前冲的过程中，它突然停了下来，像一尊雕像僵在那里。它的毛发仍是直立的，尾巴和耳朵下垂，但它的鼻孔却是大开的，贪婪地消化着随风飘来的信息。接着，它竖起的毛发终于放下，身体战栗了一下，竖起了耳朵。我本以为它会高兴地向我扑过来，但它没有。这段时间遭受的精神上的折磨，彻底地改变了这只狗的性格，使这只最驯服的动物在几个月间忘记了礼仪、法令和规矩，这个情况无法马上改变。它蹲坐下后腿，鼻孔朝天，发出了一声令人毛骨悚然但却异常凄美的狼嚎声，几个月来的苦闷、压抑终于得到了释放。叫了大约一分半钟，它突然犹如闪电般向我冲了过来。我被它旋风般的狂喜包围着，它跳到我的肩上，几乎把我背部的衣服撕开。原本十分内敛的斯塔西，即使情感最强烈的时候，也只是把头放在我的膝盖上，而此刻，它兴奋地发出了类似火车头那样的尖啸声，然后就是撕心裂肺的号叫，甚至比几秒钟前的吼声更响亮。然后，它突然停了下来，从我身旁我跑了过去，停在了门口，它回头看向我，乞求我放它出去。显然，对它来说，我的归来意味着它的监禁也结束了，它能回到原来的日子。多么幸运的家伙，多么令人羡慕的坚强意志！造成斯塔西心灵创伤的因素消失了，它通过30秒的持续吼叫和一分半钟的欢呼雀跃宣泄了心中的苦闷，心灵创伤也彻底治愈，没有留下任何后遗症。

当看到我和斯塔西一起进屋时，我的妻子大喊："天啊，母鸡怎么办！"可斯塔西甚至都没看母鸡一眼。晚上的时候，当我把它领进屋时，我的妻子警告我这只狗已经不是"清白"的了。事实上，斯塔西仍和以前一样训练有素，我之前教它的东西它依然会做，它仍然是那只我花了近两个月的时间训练出来的狗。在所有狗都可能遭遇的长达9个月的深深的痛苦中，它忠诚地保留了我教它的一切。斯塔西以后的时光都是最纯粹的喜悦。那年暑假，它是我形影不离的伙伴，我们几乎每天都会沿着多瑙河散步，也经常在河中游泳。但即使是最美好的假期，也会有结束的时候，当又到了收拾行囊的时候，我之前描述的悲剧又可能重演。斯塔西仍然非常沮丧，与我寸步不离。因为狗无法理解人类的语言，所以这只可怜的小东西白白痛苦了好久。我决定带它一起走，但我无法将此告诉它。尽管我不断地向它保证我不会再扔下它，它神经依然紧张，决不允许我离开它的视线。但最后，我还是让它明白了我的打算。我离开前不久，这只母狗又开始躲到花园中，显然是和以前的目的一样。我没有管它，直到我准备离开时，我用平时喊它散步时的口吻召唤它。斯塔西突然就明白了，围着我开心地转圈。

斯塔西仅仅陪伴了它的主人一个月，因为在1941年10月，我应召入伍。相同的离别悲剧又发生了，唯一不同的是，这一次斯塔西彻底跑掉，两个月来，它在柯尼斯堡周围过着野生动物般的生活，犯下了一桩桩罪案。它就是那只洗劫了议员家兔笼的神秘"狐狸"，我对此毫不怀疑。圣诞节后，消瘦的它恢复了健康。但现在，要它留在家里是绝不可能的事，所以只好把它送到柯尼斯堡动物园，在那里它和它后来的丈夫，一只西伯利亚狼住在一起。不幸的是，它们这段婚姻中没有孕育任何子女。几个月后，我作为神经学家，来到了波兹南军事医院工作，我又一次带上了斯塔西。在1944年6月，我被派往前线，斯塔西和它的6个孩子被送到维也纳的美泉宫动物园，战争即将结束时，它在一次空袭中丧生。我们在阿尔滕贝格的一位邻居收养了它的儿子，我们之后的宠物狗都是它的后裔。在斯塔西生命的6年中，它和主人待在一起的时间连一半都不到，但尽管如此，它却是我知道的狗中，最忠诚的一只。

第四章

训练

对狗实施惩罚时要注意：执行者应该是真心地爱这个犯错者，自己在惩罚犯错者的过程中可能会更心痛。惩罚的等级要视具体情况而定。狗对惩罚的敏感度大不相同，对那些神经高度紧张、极为敏感的狗来说，轻轻拍打对它们造成的影响也许比那些强壮、迟钝的狗受到严厉殴打时的影响更大。

目前已有许多关于训练狗的优秀书籍，其作者都是比我更有资格的人，因此，本章并不是关于训练狗的专页。我只是想讨论几个狗能通过训练而习得的技能，而这些技能可以促进狗与主人间产生良好的关系。

如今，一些养狗者训练爱狗听指挥去攻击"贼"，叼回重物或找回失物，然而效果却未必尽如人意。所以，我想问问那些拥有聪明狗的幸运主人，迄今为止，您的狗多久才有一次机会把这些技艺付诸实践？就我个人而言，我从来没有被狗从窃贼手中拯救过的经历，唯一一次帮我从大街上找回失物，还是发生在一只从来没有被训练过的母狗身上，但这是一个了不起的经验。小佩吉，就是我经常提到的斯塔西的女儿。一次它跟我在柯尼斯堡的街头慢跑，突然用它的鼻子拱我的腿，我低下头瞥了它一眼，看到它嘴里叼着我丢失的一只皮手套。那时它在想什么？它是真的知道那个落在我身后，带着我气味的物体是属于我的吗？我不知道。当然，在这之后，我多次故意"丢失"手套，但它甚至从没再看过它们一眼。不过，我怀疑究竟有几只接受过训练的狗，能将主人真正丢失的物品找回来呢？

在《所罗门王的指环》中，我已经用简单的语言，就专业驯狗师驯狗这一主题，明确地阐述过我的观点。而我接下来将讨论的3个训练方法，十分简单，但令人惊讶的是，只有少数狗的主人，能够不厌其烦地教授它们这些课程。即："躺下"，"篮子"①和"跟我走"。

但在这之前，我想先简单阐述一下训练狗的一般规则。首先，是关于奖励和处罚的问题，认为后者比前者更有效就是一个根本性的错误。关于犬科动物的训练，尤其是"室内训练"，如若没有处罚，效果会更好。对3个月左右的幼犬进行"室内训练"的最好办法就是在它第一次到你家的几个小时内，随时盯着它的排泄情况，它一旦有要排放液体或固体的"犯罪"意图，就立即打断它并尽快将它抱到外面去，总是让它在同一个地方大小便。当它按要求做的时候，记得赞

---

① 这里的"篮子"（Basket），以简短的词令命令狗回到自己的窝里去。——编者注

美和爱抚它。用这种方式训练小狗，它不久就会知道你要表达的意思。如果能定期把狗带到外面去，那么你很快就没有清理脏物的困扰了。

最重要的是，主人应在狗犯错之后尽快实施惩罚。狗犯错几分钟后，再去打它是没有任何意义的，因为它已经无法理解其中的关联。只有那些"惯犯"，才会意识到自己的错误会有迟来的惩罚。当然，凡事都有例外。我的一只狗在不知情的情况下杀死了我新收养的动物，我用动物的尸体狠狠地打它，让它意识到它犯下的罪行会有相应的处罚。对某一特定对象的厌恶，比对某一行为的反感，更能让狗印象深刻。接下来，我会用具体的案例来说明"预防性惩罚"能够给狗灌输家庭伙伴是神圣不可侵犯的这一思想。

其实，试图通过惩罚灌输给狗顺从的意识是大错特错的。同样，如果狗在散步过程中因闻到某些猎物的味道而跑开的话，事后你再殴打它也是愚蠢至极的行为。殴打可能会使它对此印象深刻，不再随便跑开，但也可能使它将惩罚与接下来回家的行为联想起来。对付擅离职守者的唯一方法就是，在它刚要离开时就快速地用东西击打它。击打必须出其不意，最好别让它知道这晴天霹雳的一击是来自主人之手。动物对于毫无防备的突然疼痛，记忆尤其深刻，而这一方法的额外好处就是不会让狗对主人的手产生恐惧。

对孩子和狗实施体罚时应该采用相同的原则，即：执行者应该总是同一个人，而且这个人必须是真心地爱这个犯错者，自己在惩罚犯错者的过程中可能会更心痛。惩罚的等级要视具体情况而定。狗对惩罚的敏感度大不相同，对那些神经高度紧张、极为敏感的狗来说，轻轻地拍打对它们造成的影响也许比那些强壮的狗受到严厉殴打时的影响更大。身强体壮的狗一般感觉非常迟钝，空手打它无法使其感到疼痛，除非打在它的鼻子上。我的德国牧羊犬——提托的身体非常健壮，常常在玩耍的时候把我撞得身上青一块紫一块的。这个时候，即使我对它拳打脚踢，或在它紧紧抓着我的胳膊时狠狠地将其甩到地上，它也不会有什么反应，反而将这种粗暴的对待视为一项盛大的游戏，让它试图进行更加残酷的"报复行动"。相反而言，如果我惩罚一只极为敏感的狗，那么即使是最轻微的拍打也会让它尖叫不已，闷闷不乐。

如果狗的身体和精神都非常敏感，例如西班牙猎犬（Spaniel），雪达犬（Setter）或其他类似的品种，在对它们实施体罚时一定要十分谨慎，否则狗很容易受到惊吓，失去自信心和生活的乐趣，甚至会畏惧主人的手。根据我与狗相处经验，在松狮犬与德国牧羊犬的混种狗中，特别是在那些拥有更多德国牧羊犬血统的狗身上，经常出现两种极端的性格，有些狗十分软弱敏感，有些则感觉十分迟钝。

斯塔西非常结实，而它的女儿佩吉却十分软弱。当这两只狗的道德行为准则背道而驰的时候（比如它们几乎要将一只马耳他梗犬撕成两半），路人总是对我的明显不公对待愤愤不平。因为我总是鞭打母亲斯塔西，而轻拍女儿或生气的呵斥它两句而已。其实，两只狗实则是受到了同等程度的惩罚，痛苦造成的惩罚效果，远没有执法者权力的震慑有效。让狗真正理解这种权力的威力，才是真正有效的惩罚。狗和猴子一样，在它们争论等级排名的时候，不是互相殴打对方，而是互相撕咬，所以殴打不是真正有效和明智的惩罚。我的朋友，已故的马克思·图恩·霍恩斯泰发现，咬猴子的手臂或肩膀，甚至不用造成任何伤口，也比严厉的殴打更让猴子印象深刻。当然，并不是每个人都愿意去咬猴子。在惩罚狗方面，人可以效仿群首领的惩罚方法，掐着狗的脖子将它举起来，然后使劲摇晃它，让它明白你的气愤。这是我知道的最严厉的惩罚狗的方式，这种惩罚绝对会给"罪犯"留下深刻的印象。事实上，可以举起德国牧羊犬并能晃动它的，一定是一只体形巨大的、超强壮的狼，这样的话，狗在接受惩罚时，也会对强壮的主人产生尊重。虽然在我们看来，这种惩罚似乎远远不及用藤条或鞭子殴打严厉，但如果不想吓坏它们的话，就不要轻易使用这种方法，即使是对成年的狗也一样。

我们必须意识到一点，即使是最好的狗，也没有人类那样的责任感。它只有在心甘情愿时才会积极配合每一种训练，比如跳跃、搜索或其他技能。在训练时，采用惩罚手段有害无益，因为这会让狗对这个特殊训练产生厌烦情绪，更谈不上学会这项技能了。有些训练有素的狗，即使没有兴趣也会依照主人的命令去追踪野兔、跟踪脚印或跳跃障碍，但这只是习惯使然。因此，在训练初期，当狗还没有习惯服从某些命令时，训练时间应限制在几分钟内，而且它的热情一旦有减弱的迹象，就应该立即停止。我们应该不惜一切代价，让动物感觉到，它不是必须进行某些训练，而是被允许进行某些训练。

在简单说明了训练的一般规则之后，让我们回到正题，谈谈养狗者应该交给狗的3项特殊技能。在我看来，最突出的就是对命令"躺下"的绝对服从，因为这会让狗成为令人满意的、有用的伙伴。动物必须学会听命令躺下，而且未经允许不得起来，如果动物能做到这点，会给主人带来许多便利。例如：主人可以将动物留在任何指定的地点，比如商店或房屋外面，这样的话，动物可以时刻陪伴主人，而不必被关在家里。对于一只真正忠诚的狗来说，被留在家里会让它非常不快。然而，"躺下"的重要价值应该是具有教育意义的，因为这是对服从本质上的进步。这种训练要求狗能克服自己时刻跟随主人的欲望，并能独自待在一个自己不喜欢的地方。因此，起来的命令就会让它得到解放，它会非常乐意服从，因此"过来"的命令突然变成了快乐的形式，而非一项任务。通常，能让一只不听话的狗呼之即来就是通过学习"躺下"这一技能实现的。艾根·冯·博恩堡是我所知的最棒的驯犬师，他在训练猎犬的过程中，更集中训练"躺下"而非"过来"。尽管狗在平时会非常顺从，但对猎物的欲望会让其对主人的哨声充耳不闻，博恩堡自创了一种有效的方法，能让狗在追捕过程中停下来。他是通过延伸平时的"躺下"训练完成这一目标的。他训练狗依照命令中断任何活动，即使是在追逐过程中，也能听命令"躺下"，"待在那"，没有命令不得起来。当狗急于追赶猎物时，博恩堡男爵不需要作任何尝试，只要用适当的声音喊一声"躺下"就可以。然后就会看到因紧急停止带来的一阵尘土，待尘土散去后，眼前便出现了一只乖乖横卧在地上的狗。

"躺下"的训练非常简单，即使不擅长训练狗的人也能做到。这项训练最好于狗7~11个月大的时候进行，这主要取决于狗是早熟还是晚熟。太早开始不太好，因为让一只多变的、爱玩儿的小狗乖乖听命令躺下太过严格了；然而太晚开始也不好，因为年龄稍大之后，狗的性情基本定下来了，要想它听命令躺下不是件容易的事。训练场地应选择一个柔弱干燥的地方，狗可以按照主人命令"躺下"或其他合适的命令轻轻地趴下，头和臀部有固定的支撑，不要选择狗不愿躺下的地方。初次下达命令时，采取一定的强迫措施是必要的。有些狗学习能力较快，有的则较慢，还有一些狗会像木马一样僵硬地站着不动，除非你强迫它们弯下前腿和后腿，它们才会明白这一情况。

　　初期的训练在旁观者看来可能有些滑稽，但是重复几次之后，狗就会了解情况并能自发地按照命令躺下，这一成果着实令人吃惊。此外，从最初训练时，就应该防止狗不听命令而自发地站起来，不能分开教狗"躺下"和"过来"的技能。首先，训练员最好待在狗的身旁，在它的鼻子前慢慢移动手指，让它没有机会起来。然后突然下达"过来"的命令，自己向前跑几步，让狗在后面跟着。最后要记得爱抚它或者和它玩耍，以示嘉奖。如果狗出现了疲劳迹象或是有意避开主人的话，就应该立刻停止训练，第二天再继续。"待在原地"的时间应该逐渐增加，而且在训练过程中，训练员该严则严，该赏即赏，切不要态度不明。

　　训练绝不能变成玩耍，玩耍应该是作为完成训练后的奖励，所以决不能允许幼犬仰身躺下，以嬉戏的态度对待命令。另一方面，训练员必须尽力避免狗对整个训练产生反感情绪。当狗能待在原地数分钟后，训练员可以逐渐远离狗，但注意不要离开狗的视线，直到狗十分熟悉这一动作，在主人离开之后还能长时间地待在原地，训练员才可以彻底离开狗的视线。训练员也可以通过给狗留一些随身物品，来帮助它度过这一考验，留下的东西越多，体积越大，狗就更容易和这些东西待在一起。如果带着狗去野营，把它留在帐篷和毛毯旁，那么即使狗对之前的课程只有初步的印象，它也会待在原地耐心地等着主人。如果有陌生人试图偷东西的话，狗会因气愤而变得接近疯狂，并不是因为它有守护主人物品的责任感，而是因为这些东西有主人的气味，在某种程度上是家的象征，会让它们确信主人不久之后就会回来。因此如果有人试图移动这些东西的话，它就会变得十分愤怒。所以当看到一只训练有素的狗，貌似在守护主人公文包时，心理学上的解释和表面看起来的完全不一样。在狗的眼里，这些东西有几分缩小版的家的象征。主人留下公文包并不是让狗看管，而是阻止狗离开。

狗在陌生的环境下进行这项训练，最重要的一点就是选择一个合适的地方让狗"躺下"。在下达命令前，主人应该考虑何处适合狗躺下休息。让狗躺在没有任何遮蔽、人来人往的人行道中间是非常残忍的，因为在狗的眼里，这样的地方完全不适合休息，反而会让它遭受精神上的折磨。反之，如果让它躺在安静的角落里，像座位底下那样有覆盖的地方会更好，它也十分满意。人们必须严格遵守上述原则，因为"躺下"是一件十分艰苦的任务，要求狗付出相当多的精神努力。当然，这种良好的、恰当的严格训练对狗来说并不残忍，反而会丰富狗的生活，因为一只训练有素的狗可以时刻陪伴主人。对于那些非常聪明的狗，严格的训练规则可以在一段时间后有所放松。斯塔西在执行"躺下"这一技能方面是一个好手，它十分清楚，在它看管我自行车的时候，我并不指望它保持狮身人面像那样的姿势。它听命令躺下，开始会保持这种姿势，但稍后我从窗户偷偷看它时，发现它会在半径几米的范围内移动。但如果我们出门拜访，我让它在房间的角落里躺下的话，它就不会像之前那样起来走动。也就是说，它是理解了这些命令的真正含义。最终，我们达成了以下的默契：如果它按照命令躺下，面前没有我的自行车或是公文包，且10分钟之内我还没出现，它便独自先回家；但如果我留下了我的东西，它就会一直待在那等我回来。

斯塔西对"躺下"命令完成得非常完美，虽然听起来不可思议，但它竟能自己"上班"！当我们住在波兹南时，它和柯尼斯堡动物园中的澳洲野犬生下了一窝小狗崽儿（当它和西伯利亚狼的结合，没生下任何子女后，才和这只澳洲野犬交配的）。我的医生朋友将他的狗笼借给了我，确切地说是借给了斯塔西。斯塔西和它的孩子们待了3天。第四天的时候，当我刚走出上班的医院时，发现它躺在我的自行车旁。无论我怎么做，它都不去它孩子那儿，它非常坚持要接着"上班"。它每天两次穿过数条街，回去喂孩子，但半个小时内，它就会回来继续躺在我的自行车旁。

第二种训练是"篮子"。和户外的"躺下"一样，只不过这是在屋内的训练。人可能经常觉得狗打扰到了自己，想暂时摆脱它。但即使是最聪明的狗，也无法理解"走开"的命令，因为"走开"过于抽象，狗实在无法理解。人们必须以一种具体的方式告诉狗应到哪里去。当然并不一定真的要去篮子那儿，只是狗遵从命令需要待在某个固定地方。最好选择一个狗之前很喜欢而且总是很乐意去的角落。打断大人谈话的孩子和狗都不受人喜爱，因此学会不打扰人的狗和孩子总会获得认可。

第三种训练就是"跟我走"，这同样能使狗成为一个令人喜爱的、很少惹麻烦的伙伴。可惜的是，这项非常实用的技能，比先前的两种技能更难掌握，即使是一只训练有素的狗，也需要不断地重复才能记住。训练狗跟着人走路时，需要牵着它，让它紧跟着主人的左侧或右侧走（必须总是在一侧），头要跟主人的膝盖保持一样的高度，并要适应主人的步伐。在练习这项技能时，很少有狗会排斥，但大多数的狗总是向前走得太远。要纠正这一错误，主人需要猛拉牵绳或拍打它的鼻子。主人转弯时，狗也要跟着转弯，要做到这一点，需要主人稍微弯下腰，用没牵绳的手推着狗向转弯的方向前进。

在狗心甘情愿跟着主人走时，需要长时间用绳牵着进行训练。这个训练需要两个命令，叫狗"跟着走"和"别跟着"，根据我的切身经历，执行第二口令更为困难。在学习"躺下"的时候，狗能很容易地理解释放命令"过来"，并且很快就学会在主人下命令前保持不动。但是让狗停止跟随的命令就不是那么容易理解了。最好的方法就是在开始下达命令时，主人要站着不动，让狗继续向前走。未经允许，狗不能自行偏离跟着主人走的方向，否则它会认为这是被允许的行为，从而破坏训练的成果。更为困难的一点就是，聪明的狗很快意识到脖子上是否有绳子，绳子一旦解开，它就不会再执行命令了。因此最好在开始的时候，就让狗习惯系着细且轻的牵绳，除非使劲拉绳子，否则根本感觉不到。显然，狗不了解这些因果联系，因为在训练的最初阶段，只要绑着牵绳，斯塔西总是会执行"跟我走"的命令，无论我是否牵着它，无论它离我多远。一旦解开项圈，它就感到"自由"了，便不再遵守命令。即使训练有素的狗，最初也应该用一根牵绳，帮助其"定神"。但总的来说，就像学习"躺下"技能一样，如果狗已经完全明白这一情况，并能熟练地执行命令，可以适当放宽规则。斯塔西即使从很小就开始接受这项训练，也很快就忘记了命令的含义，但这倒是无关紧要，因为在紧急情况下，无须下达命令，它也会紧紧跟着我，跟那些服从测试中的得奖者一样乖。当交通拥堵时，它会自主地来到我的脚边，因此无须担心会在人多的时候丢失它，即使在战争情况下也一样，它规规矩矩地跟着我的脚步，脖子的右侧紧紧贴着我的左膝。

无论在何种诱惑下，它都能自愿地跟着我，着实令人感动。比如，当我们经过拥挤的农场时，那些咯咯直叫、到处乱飞的母鸡和咩咩叫的羊羔因看到这只像狼一样的红毛狗而惊恐万分，这让它的自控力遭到极大的挑战。这时它就会紧紧地靠着我的左膝，防止自己犯错。它因激动而浑身颤抖，鼻孔张大，耳朵竖起，它紧紧地挨着我走，我可以看到它是如何用这无形的绳子约束自己的。当然，如果不是在年幼时就掌握这一技能，狗根本无法很好地跟着主人走。但让我高兴的是，狗一旦习得这种技能之后，不仅会坚定地执行，而且会以一种更明智，也可以说更具创造力的方式来执行。

第五章

狗的习惯

狗在展示"礼貌的表情"时耳朵仍向后放平，但有时也会靠在一起，嘴角会和"防御表情"时一样向后撇，但不是像埋怨般地向下撇，而是向上翘起。在人类眼中，此表情含有邀请玩耍的意味，接下来会张开下颚露出舌头，几乎触到眼部，咧开嘴角，笑容越发明显。

先用鼻子交际一番，彼此闻了又闻，

再来相帮挖地，逼得老鼠逃遁。

——节选自《两只狗》（王佐良　译），

罗伯特·彭斯（Robert Bams）[1]

　　与人类通过语言实现沟通完全不同的是，群居动物拥有更独特的交流方式和行为机制，这有助于它们更顺利地进行合作。在《所罗门王的指环》中，我已就此话题进行了全面的阐述。和人类语言不同，动物的特殊信号、各种表达动作和声音的含义并不是由传承的习俗决定，而是由行为和反应

---

[1]　罗伯特·彭斯（1759~1796），苏格兰农民诗人。——编者注

的先天本能决定的。因此，动物的"语言"更为保守，其本能的使用比人类语言更加固定和有约束力。关于支配犬科动物礼仪的神圣规则，人们可以写一整本书，正是这些规则决定了强者和弱者、雄性和雌性的行为。从表面看，这些规则（源于狗的遗传行为方式）的效力与人类自己传播的习俗规则非常相似。这同样适用于这些规则对社会生活的影响，通过这种类比方式，就很容易理解章节标题。

无论规则本身多么有趣，但抽象的进行阐述，却十分枯燥。因此，我将尽力避免抽象概念，试图通过一系列日常例子，来叙述社会规则对犬科动物生活的真实影响，从而使读者自然而然地理解这些规则的理论依据。我首先阐述与等级次序有关的行为，那些犬族中的古老惯例，不仅传承至今，而且很大程度上决定了它们的社会优势和劣势。来吧，让我们细想一下两只狗相遇时的场景。

我和沃尔夫沿着小巷散步。当我们经过村中的抽水泵进入大道时，突然发现沃尔夫的死对头——罗尔夫正站在离我们约200米处的大道中央。我们必须经过罗尔夫所在的位置，所以冲突是不可避免的。这两只狗是村里最强壮、最令人胆战，也是等级最高的狗，它们互相厌恶，但同时又互相尊重。据我所知，到目前为止，它们还没较量过。对这次非同寻常的碰面，它俩都很反感。之前，在各自的庭院内，它们曾猛烈的互相咆哮和恫吓对方，若不是有栅栏的阻拦，它们甚至会撕破对方的喉咙。但此刻它们的情感与以前大不相同，我稍微以拟人的方式解释一下它们的行为：这两只狗都认为应该对此刻所遭遇的威胁有所表示，才能保住各自的声誉，否则，就会"丢面子"。当然，它们从老远就认出了对方，于是立刻呈现出一种自我炫耀的姿态，即：挺直身体，抬高尾巴，越靠近对方，步伐越慢。在隔了差不多15米的距离时，罗尔夫突然卧倒，面露凶光，仿佛一只蜷缩的老虎。脸上的表情没有任何犹豫或害怕，耳朵朝前直立，眼睛大睁。尽管罗尔夫此时的姿态在人类眼中极具威胁性，但沃尔夫对此却毫无反应，依然无畏地走向对手，停在后者旁边。罗尔夫立刻起身，两只狗头尾相对地站着，互相嗅着对方的尾部。这种对尾部的自愿展示是自信的表现，如果自信消失了，尾巴便会立刻放下。人们完全可以通过尾巴角度得知狗的勇敢程度。

　　紧张地对抗了相当长一段时间后，双方平静的表情逐渐改变。眼睛上方前额处的皮肤横向聚拢，形成纵向的褶皱，鼻子也皱起，露出尖尖的牙齿。这些面部表情十分吓人，那些受到威胁、被逼入绝境的狗，在自我防御时也是这样的表情。狗的斗志和对情况的控制程度，会显示在耳朵和嘴角处。如果耳朵向前直立，嘴角向前张开，则表示这只狗无所畏惧，随时可能发动进攻（相反，害怕时的反应与之前所述相反），这样的反应就好像一股无形的力量，迫使狗退后。威胁的姿态往往伴随着咆哮，咆哮的声音越低沉，表明动物对自己越自信。当然，这也需要考虑动物自身的声调：蛮横的刚毛猎狐梗（Fox Terrier）当然比腼腆的圣伯纳犬（St. Bernard）叫声大。

罗尔夫和沃尔夫开始绕圈，依然是各自用头部嗅着对方尾部。我时时都在期盼战争的开始，但是双方势均力敌，谁也不轻易开战。虽然咆哮声越来越凶险，但仍然什么也没发生。我心中突然产生了一种怀疑，这种怀疑随着沃尔夫和罗尔夫先后向我投来的侧目而逐渐加强，其实它们并不想开战，而是希望我能将它们分开，化解僵局，这样它们就会从战斗的道德责任中解放出来。并非只有人类才有维护声誉和尊严的欲望，高级动物也有和我们人类一样出自本能的欲望。

我并没有出面干涉，而是让这两只狗自行找到维护尊严的解决方法。之后，它们慢慢地分开，一步步朝着相反的拐角处走去。可它们仍用眼睛互相盯着对方，然后，它们就像听到了命令似的，同时抬起了一只后腿，沃尔夫倚着电线杆，罗尔夫倚着栅栏，以一种自傲的姿态，朝着各自选择的方向前进，为赢得了道德上的胜利并威吓到对方，而感到骄傲。

母狗在看到两只势均力敌的公狗相遇时，行为方式却很不一样。例如，沃尔夫的妻子苏西就非常期待战争的爆发，并不是说苏西想帮助丈夫，而是喜欢看到丈夫击败对手。我曾两次发现，苏西巧施诡计只为了达到这一目的。一次，沃尔夫和另一只狗头尾交错地站着，苏西兴致勃勃、小心谨慎地绕着它们徘徊，其他两只公狗并没有注意到这只母狗。然后它偷偷地、使劲咬了它丈夫后腿一下，并假装是敌人干的。沃尔夫认为对手违背了犬科动物长久以来形成的规则，立刻扑向对手，并对对手的行为以牙还牙。由于突袭对于另一只狗来说，是不可原谅的违规行为，所以这场战争必然十分惨烈。

沃尔夫也曾与住在村里的一只老混种狗交过手。成年以前，沃尔夫非常害怕这老家伙。但成年后沃尔夫不仅不怕它，而且最恨这只狗，不放过任何机会让这老家伙知道它的厌恶态度。当两只狗碰面时，这只老狗马上挺直身体，但沃尔夫仍无畏地向老狗冲去，用肩膀和尾部使劲地撞它，然后停在它身旁。这只老狗企图猛咬沃尔夫，但它的意图明显受到沃尔夫身体冲撞的阻挡。此刻，老狗仍然顽强地挺直身体，但尾巴却放下来了，因为它无法自信地露出臀部。它的鼻子和额头因恐惧而皱了起来，头部低垂，朝前伸出。这种姿态，再加上愤怒的号叫，并不是好的征兆。当沃尔夫再次试图靠近时，这只老狗绝望地向沃尔夫冲去，使得沃尔夫稍微往后退了些。沃尔夫绷直双腿，用一种夸张的自大步伐绕着敌人转圈，然后，将腿倚在最近的物体上休息，随之扬长而去。这只老狗的"潜台词"，如果能用语言表达，估计在说："我不是你的对手，我从不希望有和你一样或高于你的社会地位，我不会侵犯你的领地，我所要求的就是你不要再来骚扰我。但如果你仍执意如此的话，我会全力应战，无论有无胜算。"但是沃尔夫又是怎么想的呢？

在村子的抽水泵边，沃尔夫遇见了一只黄色的小混种狗，这只小狗吓得拔腿就跑，试图穿过开着门的商店。沃尔夫紧追不舍，用我之前描述的动作猛撞小狗的侧面，于是将它从商店门口撞到了街道上。沃尔夫如闪电一般跳到小狗身上，一次一次地撞它。小狗每次都发出痛苦的叫声，最后绝望地撕咬沃尔夫。沃尔夫既没有发出吼叫，也没有做出令人害怕的表情，它对小狗的撕咬毫不在意，只是继续无声地撞击。沃尔夫是彻底地轻视这只小狗，根本不把它当作对手，甚至都不屑张嘴。因为沃尔夫十分讨厌这只在苏西发情期频繁出现在我们家花园中的小黄狗，所以用这种粗俗的方式发泄心中的愤懑。在感到真的疼痛之前，可以通过动物嘴角的特定位置，观察它的恐惧：嘴角托向后，颊腔黏膜向外转动，直至嘴唇，形成黑色的框架。犬科动物露出上述的表情，再加上哀鸣声，即使是人类，也能看出它的无助。

　　沃尔夫的父亲老沃尔夫到我们家前面的阳台上探望它的妻子珊塔和成年的孩子们。它先和珊塔打招呼，互相朝对方摆了摆尾巴，珊塔爱怜地舔了舔它的嘴角，温柔地用鼻子拱它。然后老沃尔夫转向正开心地向它走来的儿子，先用鼻子轻触儿子，然后试图去嗅它儿子的臀部，但儿子却把尾巴夹在两腿中间，老沃尔夫只好作罢。这只小狗拱起后背，举止谦卑，但并不是害怕父亲，小狗用鼻子不断蹭着父亲，试图舔父亲的嘴角，实则是向父亲撒娇。老沃尔夫并没有摆出自负的姿态，而是让自己保持一种僵硬、高贵的姿势，似乎有些尴尬。它把头转向一边，高高地抬起鼻子，不让儿子碰触。但儿子似乎被父亲回避的姿态鼓舞了，更加坚持不懈。父亲不太高兴微微地皱起了脸。但相反，小狗的额头则平滑伸展，眼睛凹处像有个裂缝似的。珊塔问候老沃尔夫的方式也是如此，小狗的表情动作和一只顺从的狗对其主人的动作一样。按拟人说法来讲，小狗会在畏惧和敬爱之间找到一个折中的办法，促使自己亲近父亲。

　　沃尔夫的妻子苏西在村里遇到了之前提到的罗尔夫的儿子，后者是柯利牧羊犬和德国牧羊犬的混种狗，一岁左右。最初它误将苏西看成了沃尔夫，着实吓坏了。

　　由于狗的视力不太好，它们只能区分远处物体的大体轮廓，由于沃尔夫是这个地区常见的一只松狮犬，所以苏西偶

尔会被误认成它那强大的丈夫。这只年轻的母狗之所以如此
傲慢，显然是因为这种误认使得其他狗对它十分顺从，而它
却将此归因于自己的凶猛。沃尔夫的毛是红色的，而苏西是
蓝灰色的，由此可见，狗对颜色的辨别是多么差。

　　让我们回到开始的话题，当罗尔夫的儿子看到苏西时，
拔腿就跑，但很快被苏西追上。它谦卑地站在苏西面前，耳
朵低垂，前额张得很大，这使得才8个月大的苏西傲慢地晃
着尾巴。苏西试图闻这只狗的臀部，但是后者却害羞地将尾
巴夹在两腿间并左右摇摆，然后挺起胸膛和头部。这只混种
狗此刻突然意识到眼前的这位并不是那只可怕的公狗，而是
一只漂亮的年轻母狗。于是它伸长脖子，竖起尾巴，前脚跳
跃着朝苏西走去。尽管这些是自信的标志，但它的脸部和耳
朵动作仍表现出了对苏西的尊敬，但这种尊敬的态度逐渐被
一种我称之为"礼貌的表情"取代，它与"防御表情"的唯
一区别是耳朵和嘴角的位置。狗在展示"礼貌的表情"时，
耳朵仍是向后平放，但有时也会靠在一起，嘴角会和"防御
表情"时一样向后撇，但不是像埋怨般地向下撇，而是向上
翘起。在人类眼中，此表情和笑很相似。这种表情含有邀约
玩耍的意味，接下来会张开下颚露出舌头，咧开嘴角，几乎
触到眼部，笑容越发明显。狗和心爱的主人玩耍时，经常能
看到这种"笑容"。而且有时玩得兴奋，便会气喘吁吁。也

许这些面部表情是狗在玩耍情绪非常强烈时喘息的先兆。这个推测通过事实得以验证，那就是狗与异性玩耍时经常会露出这种"笑容"，即使一般的运动也会让它们气喘吁吁。此刻，这只混种狗对着苏西笑容越来越大，前脚更加用力地跳跃，然后突然跃向这只小母狗，用前爪推向苏西的胸部，然后转身跑开了，姿势非常特别。它的后背仍旧谦卑的拱着，臀部藏在身下，尾巴夹在双腿间。尽管态度看似羞怯，但却开玩笑似的友好地跳了起来，尾巴尽可能地朝后腿处摇摆。这只混种狗跑了几米后又停了下来，猛地冲回来，站在了苏西面前，脸上带着大大的笑容。此时它高高地抬起尾巴，使劲摇摆，它的喜悦之情不仅表现在尾巴上，身体后部也开始无所顾忌地晃动。它又一次扑向苏西，这一次明显带着些许色情的意味，然而苏西不在发情期，所以对这只狗的举动毫无反应。

阿尔腾贝格城堡的某户人家，养了一只名叫洛德的巨大墨黑色纽芬兰犬（Newfoundland）。这家的小女儿在生日时，收到了一只漂亮的两个月大的小平斯彻犬（German Pinschen）。我亲眼目睹了这两只动物的第一次见面。尽管这只叫奎克的平斯彻犬是个傲慢的小家伙，当它看到这只像山一般高大的黑毛狗朝自己靠近时，生平第一次感到了恐惧。和所有处于困境中的小狗一样，当这只大狗嗅它的肚子时，它翻滚了一圈，吓得尿了出来。洛德对这种情绪的外漏嗤之以鼻，它慢慢转过身去，迈着笨重的脚步离开了，留下这只吓呆了的小狗。然而，就在下一秒，奎克又抬起了脚，像一个停不下来的机器人，走着8字形的路线，在这只纽芬兰犬脚底下来回地乱窜。这只小狗甚至顽皮地跳向洛德，邀请洛德跟它一起玩耍。小女儿因为哥哥想要看两只狗打架而阻止她抱开小狗，急得女孩泪流满面，当后来看到一只大狗和一只小狗一起玩耍的感人场景时，才松了一口气。

我之所以选择以上六对狗相遇时的例子，是因为它们独特的个性。事实上，在自信和恐惧、自我炫耀和遵从、攻击和防御这些情感和其相应地进行表达的动作之间，当然有着无数的转换和组合。正因如此，分析这些行为反应才十分困难，再加上狗的表情有时只能分辨一二，有时又混合出现，因此只有非常熟悉我之前描述的各类表情的人（当然还有许多其他表情），才能从狗的脸上鉴别出各种不同的表情。

犬科动物有一个特别可爱的习惯，即对母犬和幼犬保持骑士风度。这个习惯很早就如烙印般留在狗的中枢神经系统中。正常的公犬绝不会咬同群里的母犬，但母犬却可以随意对待公犬，轻咬或使劲地啃咬。公犬绝不可以进行报复，只能保持恭敬的姿态和"礼貌的表情"，但可以试图将母犬的攻击转移成玩耍。男性的自尊也禁止了唯一的出路——逃走。因此公犬为了在母犬面前维持脸面，总会忍受巨大的痛苦。在狼群中，以及所有拥有大部分狼血统的格陵兰犬（Greenland Dogs）中，这种骑士精神的自我控制只适用于同群落里的雌性。而大部分拥有豺血统的狗的骑士精神却适用于所有雌性，即使对方是一只完全陌生的他种母狗。松狮犬的做法则处于两者之间，如果这种公狗总是和同种母狗生活在一起就可能对豺狗非常粗野，尽管我从来没看过哪个松狮公狗真正咬过母豺狗。

拥有较强狼血统的狗和普通的欧洲品种狗之间存在基本的种群差异，如果还要例证的话，那么据我观察，这两种犬之间有着很强的敌意，这源自它们不同的野生形式。松狮犬对村里从未见过的狗一般都存有敌意，与之相反，混种狗则很乐意将豺狗或澳洲野犬视作自己的同类。这些实例对我来说，远比那些依据测量和计算颅骨和骸骨的比例得出的统计结果，更加有说服力。我的观点通过某些社会行为的异常现象得到进一步验证：对立种族的成员之间经常不承认彼此，导致公犬不能尊重其他种族母犬和幼犬的普遍权利。基于此，行为研究人员以及那些熟知体系和血统关联的动物学家，才发现狼狗和豺狗不是同一种类。当然，人类自己并不会被那些科学争论影响。而且我相信它们的行为比任何统计数据更有说服力。

在同一品种和同一社会联系的犬科动物中，不到6个月大的幼犬是绝对不可侵犯的。小狗常见的屈辱姿态（如在地上翻滚和撒尿）只会在初次和年长的狗见面时出现，用来通知对方自己只是个孩子。由于缺乏观察和实验，我无法确定成年的狗是否只通过这种机制才能区别幼犬，或是通过气味也能区分。当然，体积的大小在区分成年狗和小狗之间是没什么作用的。一只脾气暴躁的成年猎狐犬也会将年幼的圣伯纳当成一个无助的婴儿，即使后者的体积是它的两倍大。相反，体形庞大的成年公犬会毫不犹豫地和一只体形小的成年公犬战斗，即使从人性角度看，这十分没有侠义精神。虽然我不会斥责圣伯纳犬、纽芬兰犬和丹麦猛犬（Great Danes）对小型犬缺乏骑士精神的行为，但我确实从来没有见过一只品格高尚的大狗可以忍让成年小型狗。

如果让一只高贵的、自信十足的公狗，和一窝小狗一起玩的话，将会产生一个罕见且有趣，甚至是感人的场面。我们家的老沃尔夫尤其适合这个实验。它非常严肃，一点也不喜欢嬉戏，因此，当它被迫要去阳台上看望它两个月大的孩子和它们的同母异父的澳洲野犬兄弟时，显得非常尴尬。5个月及以上的幼犬已经对年长的雄性狗的尊严有一定的尊重，但较小的幼犬则完全缺乏这种尊重。小狗一见到父亲，便靠在父亲身上，用尖尖的小牙不断地轻咬父亲的腿，于是就看到这位父亲小心翼翼地抬起一只脚，放下，又抬起另一只脚，好像踩到了什么烫脚的东西似的。这个可怜的受难者甚至不能咆哮，更别说惩罚它这些麻烦的后代。过了一会儿，我们易怒的老沃尔夫终于被诱哄着和它的孩子们一起玩耍，但后来它就再没有主动去阳台上看望它年幼的孩子了。

当遭遇母狗攻击时，公狗也会陷入类似的困境中。和上述所说的一样，它们同样抑制着撕咬或咆哮的冲动，那是因为它们无法克制去接近充满侵略性的母狗的强大欲望。母狗与公狗的"冲突"夹杂着雄性对尊严的维护，对攻击者尖牙的恐惧以及对性的欲望，这些会产生一种在人类眼中非常讽刺的行为。我之前描述的"礼貌行为"的嬉戏部分，会让年长的狗非常尴尬。当一只很强壮的、不适合嬉戏的家伙，用它的前脚勾引异性，来回地跳跃以表达爱的宣言时，即使是讨厌拟人化的观察员也不禁做出一定的类比。这种情感会因母狗的行为而更加强烈，母狗会以更傲慢的姿态对待公狗，因为它们知道公狗必须容忍一切。

有一次，我和斯塔西一起去看一只圈在笼子中的灰狼时，见证了一个上述行为的典型例子。那是这样一番场景：我和这只灰狼见面没多久，它便邀请我一起玩耍，我受宠若惊，欣然接受。但斯塔西觉得自己受到了轻视，因为我关注这只灰狼更多些，它突然袭击了正和我玩耍的伙伴。当母松狮狗想惩罚公狗时，会发出十分刺耳的叫声并用特殊的方式咬对方。虽然只是在啃咬皮肤的表面，不像公狗互相打斗时那么激烈，但也能使公狗疼得叫苦连连。这只灰狼被咬得嗷嗷直叫，但它仍试图用顺从的态度和礼貌的姿态安抚斯塔西。我自然不希望测试灰狼的骑士精神，以防我自负后果，所以我严厉地命令这只愤怒的母狗保持安静。我斥责斯塔西是为了防止它受到这只脾气好的狼的伤害。戏剧性的是，10分钟前，我曾在笼子外面准备了一根铁棍和两桶水，以防这只野兽袭击斯塔西时，我好出手相救。可没想到，这只灰狼未做出任何反击，面对母狗的它果然颇有骑士精神啊！

第六章

主人和狗

　　对犬种的选择以及后来主人与狗之间的关系发展能揭示很多东西。和人际关系一样，明显的互补性差异和很强的相似度通常会孕育双方共同的幸福。在老夫老妻之间总是有一种类似兄妹之间的相似特征。同样的，主人和狗一起长期生活后，其行为方式会很相似，这既感人又有趣。

人们会因各种动机饲养狗，当然，并非所有的动机都是好的。在那些动物爱好者，特别是爱狗者中，有一类特别不幸的人，他们因为所遭受的痛苦经历而对身边人丧失了信心，于是渴望从动物那儿寻求慰藉。每当听到"动物比人好得多"这样的谬论时，我都感到悲哀不已。事实并非如此。无可否认，在人身上很难找到狗那样的忠诚，但狗却不了解违背道德、缺失责任这类复杂的事情，它们顶多能解决自己的爱好和责任间的矛盾。也就是说，狗根本不明白导致人类犯罪的原因。从人类责任感的角度看，即使是最忠诚的狗也没有是非观念。许多人认为，对高等动物的社会行为有充分了解的人，便不会低估人和动物之间的区别。相反，我认为，真正熟悉动物行为的人，才能欣赏人类在生物界独一无二的尊贵地位。因为人类是：

> 一切杰作的完成者，
> 没有其他生物的残忍，
> 却充满着理智和神圣。

我们研究的重点是关于人类和动物科学性的比较，承认物种起源说，这就没有贬低人类尊严的意思了。创造性物种进化的本质是产生了新的且较高级的特性，但这在物种进化的初级阶段并没有任何表明或暗示。当然，即使在今天，动物存在于人类生活中间，但人类却不在动物的生活里。我们的系统测试方法从最低层，即从动物开始逐渐推移，最终我们发现了人类的本质，人类理性和道德规范的最高成就在动物世界中是完全不存在的。在历史的演化过程中人类与动物各自的特性被突显出来，直至今天，我们发现它们之间仍存在着很多共性。所以声称动物比人类好的言论完全是亵渎神明。对于那些支持以上言论吹毛求疵的生物学家来说，这种论断意味着完全否认了生物界里的创造性发展。

不幸的是，有相当多的动物爱好者，尤其是那些动物保护者，坚决拥护这种伦理上的危险观点。对动物的爱，源于对整个生物界的博爱，这才是最美好的、最有益的，而这种爱最重要和最核心的是对人类的爱。只有了解这一点的人，在给予动物关爱时，才不会有道德上的危险。对人性的弱点感到失望和愤怒，从而将对人类的爱转嫁到狗和猫身上，这便犯了严重的错误，是一种令人厌恶的社会堕落行为。把对人性的憎恶和对动物的爱放在一起是一种非常坏的组合。当然，对一个因某些原因被剥夺了社会交往能力的孤独者来说，在狗的身上获得爱与被爱的内心渴望，是无害且合理的，因为哪怕有一只动物期待他回家，他也无须再品尝这孤独的滋味了。

无论是从动物还是人类的心理学角度看，研究主人和狗之间和谐的一致性是非常有益的，有时甚至很有趣。对狗品种的选择以及后来主人与狗之间的关系发展能揭示很多东西。和人际关系一样，明显的互补性差异和很强的相似度通常会孕育双方共同的幸福。在老夫老妻之间总是有一种类似兄妹之间的相似特征。同样的，主人和狗一起长期生活后，其行为方式会很相似，这既感人又有趣。

当一位养狗经验丰富的主人选择了特定的品种或自认为独特的狗，那么这种相似性就更强，因为人对有相似性格的动物存有认同感。我妻子的好伙伴——母松狮狗，就是能引起"认同"和"共鸣"的典型例子。对此我也感同身受，熟知我们夫妻俩和我们所养狗的朋友，经常会在狗身上发现我们的影子，这非常有趣。我妻子的狗很爱干净，也很有秩序感，不需任何提示，从来不穿水坑，它会沿着花坛和菜畦中间窄窄的小路走，绝不会随意践踏蔬菜。但我的狗，唉！总是在脏地方乱滚一通，然后将大量的泥土带回家中。简而言之，我们的狗之间的差异与我和妻子之间的差异非常类似。这也在很大程度上解释了为什么我的妻子总是乐意挑选那些血统良好、谨慎、干净，有着猫一样性格的松狮小狗；而我总是喜欢那些活泼、精力充沛，且脾气粗野，就像我之前的德国牧羊犬——提托那样的狗。除此之外，尽管拥有非常近的血缘关系，我妻子的狗吃东西时很优雅，也很有节制，我的狗则总是狼吞虎咽。为什么会这样呢，我困惑不已，无从解释。

在我看来，拥有一只和自己类似或者能够产生共鸣的狗，会让人心情平静，甚至会有满足感。人类和狗之间的这种关系，由双方共同的"彼此相处愉快"的观念支撑。与上述情况相反的狗，情况就完全不同，我曾在街上碰到了这种情况：一个面色苍白、瘦弱的男子，面露愁思、十分愤怒，他衣着破旧，但很体面，戴着一副夹鼻眼镜，看起来很像一名职员。他牵着一只看起来营养不良的德国牧羊犬，这只狗以一种十分屈服的姿态跟着主人。男人手中拿着一根很粗的鞭子，如果他突然停下，而这只狗超出规定的范围，他就会用手中的鞭子猛打狗的鼻子。他一边打，脸上一边露出极度厌恶的表情和神经质的兴奋感，我差点控制不住自己，想上前和他大干一场。我十分清楚这只倒霉的狗在它那更加倒霉的主人生命中所扮演的角色，一定和它的主人在其上司生命中所扮演的角色一模一样。

第七章

狗和孩子

　　敏感的狗对自己深爱的主人的孩子尤其温和，就好像知道孩子对主人的重要性一样。所以担心狗会伤害孩子是十分荒谬的。相反，如果狗对孩子过于容忍的话才会有危害，可能会让孩子变得粗暴，不顾及他人，因此家长必须十分警惕这点，尤其是家有像圣伯纳犬和纽芬兰犬这样体形高大，性情温和的品种。

没人敢挑战你的权威，

我们全身心地支持你。

但我们彼此都明白，

这是我们对你的回报。

——W·S·兰道（W.S.Landor）[1]

很不幸，我度过了一个没有狗陪伴的童年。我妈妈那一辈人处于细菌刚被发现的年代，那时大多数富人家的孩子都患上了佝偻病，因为人们太害怕细菌感染带来的死亡，以致于他们连牛奶都消毒，从而使其失去了维生素。当我懂事，

---

[1] W·S·兰道（1775~1864），英格兰作家和诗人。——编者注

并以男子汉的名义起誓绝不会让狗舔到的时候，才被允许养了我的第一只狗。很不幸，这只狗是个十足的笨蛋，让我很长时间都没有再养狗的欲望。在前文中，我曾详细描述过这只毫无个性的达克斯猎犬——克洛基。

幸运的是，我的孩子们是在狗的亲密陪伴下长大的。在他们小时候，我们家养了5只狗。我仍清楚地记得我的孩子们在大型狗肚子下爬行的场景，而我那可怜的妈妈对此则惊恐万分。当儿子开始学习走路的时候，他总是先拽着提托的长尾巴站起来，慢慢地学会了走路。提托有着圣人般的耐心，常常站立不动，但只要孩子站立起来，放开了它那疼痛不已的尾巴，它就会如释重负地使劲摇尾巴，孩子通常会被它撞倒在地。

敏感的狗对自己深爱的主人的孩子尤其温和，就好像知道孩子对主人的重要性一样。所以，担心狗可能会伤害孩子是十分荒谬的。相反，如果狗对孩子过于容忍的话才会有危害，可能会让孩子变得粗暴，不顾及他人，因此家长必须十分警惕这点，尤其是家有像圣伯纳犬和纽芬兰犬这样体形高大、脾气温和的品种。一般来说，狗很清楚怎么避开那些缠人的孩子。狗的这种避让行为，具有很强的教育意义；正常的孩子会因狗的陪伴而获得了很多的快乐，当狗从他们身边跑开时，他们就会相当失望，所以，要和狗成为好伙伴，他们就得学会好好与狗相处。这样，凭借一定的天资，了解其中的因果关系，孩子在很小的时候就学会了尊重其他人和动物。

当我发现某家的狗不害怕自家五六岁大的孩子，反而毫不羞怯和恐惧地亲近他时，我对这个孩子和他家人的好感立马加深。可惜的是，我家附近的农家孩子对狗非常粗暴。在我们附近地区，你从不会看到一群小男孩有狗陪伴的场景。当然，这些农家孩子对自家的狗都很友好，但在一大群男孩子中，似乎总是会有一个"恶霸"成了孩子王。至少据我了解，下奥地利州的狗一看到下奥地利州的男孩，都会跑开。当然，并不是所有地方都是如此。比如，在白俄罗斯，经常会看到一群5~7岁大，长着亚麻色头发的男孩和一群不知什么品种的狗，在村里闲逛。狗非但不害怕这些孩子，反而对他们非常信任。从这种信任中，大体可以看出，这些男孩的性格中有着强烈的内在亲和力，才让他们能如此温柔地对待动物。

我知道一段狗和孩子之间最令人惊异的友谊，那是发生在一只巨大的炭黑色纽芬兰犬和我的姐夫——皮特·普弗劳姆之间的故事。当时我也还是个孩子，皮特是我在阿尔腾贝格时邻居家的儿子，而纽芬兰犬则是他家的看门狗。这只叫洛德的纽芬兰犬，是一只拥有完美性格的狗，勇敢到不顾后果，忠诚、聪明且正直。皮特那时是一个没有任何自傲情绪、十分调皮的小男孩。当这只一岁半大的狗来到阿尔腾贝格后，它选择了这个11岁大的男孩作为自己的主人。我至今也不明白为什么，因为这类狗通常会选择成年人，尤其是一家之主作为自己的主人。我想也许是一种骑士精神使它做出了这个选择，因为皮特不仅是家里4个兄弟中最小、最柔弱的一个，在这一地区的孩子中也是最弱小的那个。我们这群人非常喜欢玩一种游戏——"红色印第安人"，经常制造一些爆炸声，使得阿尔腾贝格森林不得安宁。在游戏过程中，我们每个人都会被其他人痛打，皮特是挨揍最多的那个，而我认为这一切都理所应当。但当有人想打皮特时，这只像狮子般威严、皮肤黝黑的狗，立刻将它那两只大爪子压在侵犯者的肩上，露出了鼻子下巨大而雪白的牙齿，发出像管风琴一样深沉的、极具威胁性的嗥叫。皮特对这种忠诚赞赏有加，从此他俩更加亲密无间。但这也同时在一定程度上阻碍了对皮特的教育。尼埃德梅耶先生是皮特的家庭教师，他十分严格，但也不敢对这小男孩太过大声，因为一旦严厉呵斥皮特，角落里就会响起如雷声般吓人的咕噜声，这只像黑狮子般的狗便会威严地溜达过来，这种情况下，尼埃德梅耶先生只能无奈地耸耸肩离开。

我妈妈也给我讲过一个类似的故事。妈妈小的时候，家里养了一只非常强壮的巨型兰伯格犬，属于大型犬科动物的一种，这只狗把家里最小的女儿当作女主人来保护，和皮特一样，这位小女儿也是被哥哥姐姐"压制"的对象。

我对那些怕狗的人总是存有偏见，即使是非常小的孩子也不例外。这种偏见其实极不公平，因为小孩子在初次看到大型野兽时，出现紧张、谨慎的情绪实属正常。与之相反，我喜爱那些对巨大的、陌生的狗无任何恐惧感，知道如何与之相处的孩子，这也是有一定理由的。因为只有对自然和狗有一定了解的人才能做到这点。我的孩子们在还不到一岁的时候就是这种爱狗者，他们从不认为狗会伤害他们。也是出于这种理由，我的女儿艾格尼丝在她快满6岁的时候，给我制造了一次巨大的惊恐。事情是这样的：有一次，她和她的哥哥散步回家，带回了一只巨大的、非常漂亮的德国牧羊犬。我猜这只狗大约六七岁，后来证明的确如此。这只狗跟着孩子们回来后，与孩子们十分亲密，寸步不离。当我轻抚它时，它看起来十分顺从，但从它那轻微皱起的嘴角看，它并不是十分乐意。然而，它对这两个孩子却有着莫名的亲密感。在我看来这一切非常离奇：这只狗的精神似乎不太正常，要不然为什么它很快就对两个孩子如此依恋呢？最后终于有了一个合理的解释。这是一只神经紧张、害怕枪声的狗，它原本住在上游12公里外的一个村庄里，在一次相当喧嚣的当地教堂庆祝典礼上，它被即兴表演的枪声吓坏了，它跑得太远以致找不到回家的路。它的主人有两个孩子，和它的关系十分亲密，而这两个孩子无论年龄还是长相都和我的孩子非常相似。这也就是为什么当初一见到我的孩子们，它就十分喜欢的原因。然而那时我并不知道这些，所以当两个孩子央求我在原主人出现之前收留这只狗时，我带着复杂的心情同意了。当然，这只巨大的、漂亮的狗如此坚持地黏着他们，着实也让他们受宠若惊。

事态后来变得越发复杂，因为家中的老沃尔夫虽然具有雄性狼狗的独立和自信，但也十分依恋这两个孩子，所以可以理解当这个新来者犹如谄媚的奴隶般吸引了孩子们所有的宠爱时，老沃尔夫的自尊受到了严重伤害。由于我对这两只狗的态度较为公平，加上新来者顺从而胆怯，暂时延缓了一场"战争"的爆发。但基本上，我对这只新成员没什么热情。

果然，"战争"还是不可避免。当时，我正在顶楼浴室后面的一个小房间里休息，可没过多久，两只狗激烈的打斗声和小女儿哭喊的尖叫声打断了我的美梦。我匆忙地跑下楼，一手还抓着裤子，就看到这两只狗在门前大打出手，场面极为惨烈，小女儿躺在地上，两只手紧紧地抓着两只狗的脖子，试图去分开它们，而它们身下竟压着小女儿的腿。我发疯似地冲了过去，用两只手分别抓住狗的脖子，用尽力气将它们分开，这才将小女儿弄出来。后来，她给我讲了事情的始末：她原本坐在两只狗之间，用手抚摸它们，想调和它们之间的矛盾。没想到结果正好相反，这两只狗打了起来。即便小女儿被它们推倒在地上，踩在脚下时，她也没放开手。她脑中压根儿就没有这两只狗会伤害她的念头。

第八章

如何选择狗

当下，人们本来就很容易伤感，如果长期和同样忧郁、不时发出深深叹息来证明其存在的动物待在一起的话，我想对大多数人都不太好。快乐、滑稽的狗之所以如此受欢迎，很大程度上归因于我们对快乐的渴望。

我如何知道自己做出了正确的选择？

　　　　　　——《威尼斯商人》，莎士比亚（Shakespeare）

　　当有许多不同种类的狗可供选择时，做决定是一件十分困难的事情。专业的售狗人员只有了解养狗者想要什么样的狗时，才能提出良好的建议。例如，一位感情脆弱、孤独的未婚老女人，想要寻找一只可寄托全部感情的狗的话，那么她在性格冷淡的松狮犬身上几乎找不到任何安慰，因为松狮犬不喜欢身体上的爱抚，当其他狗跳起来欢迎回家的女主人时，它只会高傲地摇摇尾巴。如果买狗者想养一只注重感情，时常将头靠在主人的膝上，用琥珀色的眼睛，凝视主人好几个小时的狗，那我推荐雪达犬或类似的长毛、长耳朵的品种。但我个人觉得这类狗太过忧郁，当下，人们本来就很容易伤感，如果长期和同样忧郁、不时发出深深叹息来证明其存在的动物待在一起的话，我想对大多数人都不太好。身边朋友的悲伤或喜悦会对我们产生很大的影响，一个拥有着平和、愉快性情的人，对周围人会是一个很大的鼓舞。同样，一只快乐的狗也是如此。我认为一些行为滑稽的狗之所以大受欢迎，很大程度上归因于我们对快乐的渴望。锡利哈姆犬（Sealyham，威尔士的一种白色小犬）生性喜欢热闹且对主人十分忠诚，它对那些忧郁的人来说是莫大的精神安慰。当这样一只欢乐有趣的小家伙，用那毛茸茸的小短腿一蹦一跳地跑过来，抬起头，用那天真而调皮的眼神望着主人、邀请主人一起玩耍时，又有谁不会被它逗乐呢？

如果有人想要寻找一只性格中保留了更多自然天性的狗，那么我推荐一种完全不同类型的狗：其实，我自己偏爱那些依然保有野性的狗，我家的松狮犬和阿尔萨斯混种犬，无论在身体上还是心理上，都和它们的野生祖先非常相似。动物在驯化过程中体形改变得越少，其野生捕食者的特性就保留得越多。因为这个原因，我不希望因训练而破坏它们的天性，但是这确实给我带来了许多麻烦并且为此付出了很大的代价。对我而言，我更希望狗能保留野生的狩猎本能，它们如果像羊羔一样温顺，连苍蝇都不敢抓的话，那就太没意思了，而且我也不放心将我的孩子托付给它们。不过一次恐怖的事件却让我对此有了重新的认识。

那是寒冬的某一天，一只鹿在穿过我家积雪覆盖的栅栏时，被我的3只狗撕成了碎片。我站在那里，看着残缺的尸骸，惊恐万分，突然意识到我太过信任这些嗜血动物对鲜活生命的抑制力了。我的孩子那时还太小，比起躺在雪地上血淋淋的鹿，更不具任何防御能力，而我竟将如此脆弱的小生命托付给这些如狼一般凶狠的狗来照顾，这样想来我都佩服自己这种鲁莽的勇气。

事实上，狗攻击主人的孩子是很少见的，我不认为一只心理健康的狗会干这种事。然而，那些神经紧张、身材高大的狗（混种狗偶尔也会如此），会因为嫉妒心理而酿成惨剧。最近，我听到了一个真实的、骇人听闻的故事：一只杂交的梗犬，一直是主人家的娇宠宝贝，但家里的婴儿出生后，它就被锁了起来。一次，它趁没人，跳进婴儿车将婴儿咬死。还好很少有狗会因嫉妒犯下如此大错，只有那些心理极度不健康的狗才会有此举动。我钟爱的狼狗绝不会嫉妒婴儿，反而会或多或少对婴儿有种对自己孩子般的情感。这也许就是我为什么如此喜欢这种狗的原因之一。

但这都是个人喜好，我十分清楚并非人人都喜欢野生、掠夺成性的狗。狼狗敏感，独立且有排他性，不利于训练，只有那些熟悉和了解这类狗的人，才能挖掘它们的潜质，并从它们身上获得真正的快乐。其他人则会从善良的拳师犬（Boxer）或万能梗犬（Airedale Terrier）那获得更多的快乐。这就好比摄影初学者，与其配备高度复杂的精密设备，不如用简单的相机更容易拍出好的照片。

这并不是说我轻视那些心性单纯的狗，相反，我非常喜欢拳师犬和大型梗犬，它们的勇气和深情，即使是笨拙的训练员也很难破坏。这里，我必须指出我对个体犬种大体性情的描述只具有普遍意义，因为凡事都有例外。从根本来说，这样的普遍性就好比对英国人、法国人、德国人性格的笼统介绍一样。我也见过非常敏感的拳师犬和完全没有性格的松狮犬，我甚至也见过非常果断和独立的西班牙猎犬。我的蓝毛苏西，性格深受德国牧羊犬血统的影响，对我家人、朋友都非常友善，不像其他松狮犬那么冷淡。

这里，告诫新手哪种狗不能养，哪些不良癖好应该被纠正，这些相对消极的忠告比提任何积极的建议都有必要。但在我继续讲述这些注意事项之前，必须要让读者明白，警告的目的并不是阻止人养狗。有狗总比没狗好，即使有些新手破坏了我所说的规则，但仍会从狗身上获得许多快乐。但如果他能听从我的建议，会获得更多的乐趣。

我的第一条建议就是：买一条身心都健康的狗。如果你难于在几只狗中做出选择，那么最好挑选同胎中最强壮、最胖或最活泼的那只，3种属性都具备就更完美了。当然，请注意小母狗一定比小公狗轻。如果小狗的父母或同胎的其他小狗都不是很活跃，最好不要从中选择。在选择外国品种时要尤其注意，由于离原产地很远，缺乏好的品种，所以经常会近亲交配，所以血统越不纯正越好。最重要的是，不要选择那些精神高度紧张的狗。正如我将在下一章中说明的一样，我不太赞同如今养狗者过度关注"美貌"而忽视狗的智力，我建议新手不要买一只血统太"好"的狗。相比在血统比赛中得了8个冠军的狗，混种狗患有神经紧张、智力不足的概率就要低得多。但对于德国牧羊犬，我建议一定要买血统纯正的，这里的血统冠军证明就有了真正的实际价值。

在养狗之前，人必须要考虑自己的神经能承载多少压力。像刚毛猎狐梗（Fox Terrier）那样活泼的狗，很容易让一个神经质的人心烦，尤其是它们高度紧张的行为更容易让人抓狂。在考虑狗的体形大小与房屋、公寓面积的同时，也要考虑到狗的性情。敏感的雪达犬非常喜欢凝视主人，所以它们比多变的小雪达犬，更能忍受都市房屋的狭窄。如果可以选择适合的狗，那么在较小的公寓里养一只大狗也是没有问题的。毕竟，狗的需求不过是维持自己的健康，所以一天两次的半小时户外散步就足够了。

对狗知之甚少的动物爱好者总会犯的错误，就是选择一只初次见面时表现得非常友好的狗。这可能意味着他选择了最谄媚的一只，当后来发现这只狗对所有陌生人都像对主人那般亲切，他就不会那么高兴了。当初我在9只毛茸茸的、汪汪乱叫的小狗中选中苏西，大部分原因是因为当我这个陌生人抱起它时，它的声音因愤怒而格外响亮。

如我之前提到的，谄媚是狗的最大缺点，这来自于小狗对所有人和成年狗一味地撒娇和奴性所致。若成年的狗还如此则是很大的缺陷，但幼犬有这样的表现却很正常，不应该受到谴责。遗憾的是，我们无法预知爱玩、热情的幼犬长大后会不会变成一个谄媚者，还是会变得成熟起来，学会对陌生人保持必要的冷漠。因此，对于那些谄媚倾向出现较晚的品种，最好在它5~6个月大后再决定要不要购买，这对西班牙猎犬和其他长耳朵的猎狗尤其适用。松狮犬很早就有了排他性，在8~9周大的时候，就具有明显的独立性。如果买主确定幼犬不会因缺乏独立性而有谄媚的倾向，或者已经十分了解小狗的父母，我建议应该尽早买下。也就是说在不对小狗造成伤害的前提下，最好尽早让小狗离开母亲。当然，必须要给幼犬足够多的食物，尤其是要经常喂它牛奶和肉类，也应该注意给它吃些预防佝偻病的药物，比如鱼肝油。

狗被收养时的年纪越小，对主人的情感依恋就越牢固，当主人回想起自己饲养狗付出的艰辛时，就会格外的欣喜。这样的回忆抵得上那些被咬坏的鞋子和弄脏的地毯。

最后一条建议来自我的个人经验，读者可以选择性采纳。如果可能的话，最好养一只母狗，尽管母狗一年两次的发情会带来诸多不便，但我认为母狗比公狗性格更理想，经验丰富的养狗者也都会同意这点。我们曾经在阿尔腾贝格的家里养了4只母狗，我的德国牧羊犬——提托，我妻子的松狮犬——佩吉，我哥哥的达克斯猎犬——凯西和我嫂子的斗牛犬。我父亲养的公狗在赶走诸多求偶者后遭遇了很大的麻烦。有时佩吉和凯西会同时处于发情期，但却没有胡乱交配，这是因为佩吉对我家另一只公狗布比非常忠诚；而达克斯猎犬体形太小，很难在附近的地区找到交配对象。当这两只狗被允许和我们一起在多瑙河畔散步时，我已经习惯了被一群陌生的公狗尾随，但有一次我们穿过村子的时候，我却被身后跟随者的数量惊住了，我数了一下，除了我家里的5只狗，还有16只狗跟在我们身后，加起来一共有21名"保镖"。所以，我在此重复一下我的建议，母狗比公狗更忠诚，它的思维更细腻、丰富和复杂，智力也普遍较高。我熟知许多狗，我可以十分确定地说，在所有的生物中，母狗的认知能力和区分真情的能力和人类最接近。但奇怪的是，母狗的名称在英语中却成了一个带有污辱意味的词语。

第九章

控告养狗者

繁育狗时，不可能指望它们同时拥有完美的外表和良好的心理素质，这是一个很遗憾但却不能否认的事实。同时符合这两项要求的狗及其罕见，想借它们的品种繁衍后代也不那么容易。就像我想不起哪位伟大的智者还兼具阿多尼斯（希腊神话中的美男子）或哪位倾国倾城女子的容貌。

心上的瑕疵是真的垢污。

——《第十二夜》，莎士比亚

马戏团的狗一定有很高的智商才能表演那些复杂的花招，而这些狗很少是纯种狗。这并不是因为"贫穷"的马戏团长买不起纯种狗（因为众所周知，马戏团里身怀绝技的狗十分昂贵），而是因为狗能进行精彩的表演跟外表没关系，而是取决于良好的心理素质。混种狗之所以更适合这项工作，不仅仅是因为它们有更高的才智和更好的学习能力，最重要的是，它们不容易"紧张"。换句话说，坚强的性格使它们能够承受更多的精神压力。在所有陪伴过我的狗中，只有一只纯种狗能登台亮相，它叫宾格，是一条高贵的德国牧羊犬。它的确是一只拥有完美性格的贵族犬，但在心理素质方面，它根本无法和我那平凡的，没有任何血统的德国牧羊犬——提托相提并论。还有我的法国斗牛犬——布利，它虽是一条纯种狗，但它没有纯种狗完美的外表：它个头太大，头骨和腿都太长，后背太直。总而言之，在纯种法国斗牛犬中，它的外貌太过平庸，但我确信在这个品种的狗中，没有哪个冠军的智商能比得上我的布利。

　　繁育狗时，不可能指望它们同时拥有完美的外表和良好的心理素质，这是一个很遗憾但却不能否认的事实。同时符合这两项要求的狗极其罕见，想借它们的品种繁衍后代也不那么容易。就像我想不起哪位伟大的智者还兼具阿多尼斯（希腊神话中的美男子）或哪位倾国倾城女子的容貌。我从没想过把哪个"长相出众"的冠军狗据为己有。这并不是说这两种不同形式的美从根本上互相对抗，但为什么拥有完美体形的狗就不能具有相同的智力呢？这的确很难解释。但这两种完美的狗原本就很少见，如果想拥有一只美貌和智力兼备的狗，就更是难上加难了。养狗者即使非常渴望狗能拥有这两种完美的特性，但也知道，实现这个目标很难。就像繁殖信鸽一样，人们在繁殖狗时，已经将它们分为"观赏类"和"实用类"两个品种。到目前为止，"观赏类"和"实用类"的信鸽已经变成了完全不同的鸟类，而我认为德国牧羊犬也已经有了同样的分类趋势。诚然，一些神经紧张、品行不端的范例已经玷污了德国牧羊犬在英格兰的名声，它们的性格已经和完美典范的狗差距甚远，而那些实用型的德国牧羊犬，能力超群，能在好多方面帮助人类，所以人们现在已将它们视为完全不同的犬种。在早期，人们更加注重狗的实用性，在挑选种犬时，绝不会忽视智力因素。然而，另一方面，性格缺陷的确出现在一些仅用于劳作目的的犬种身上。一位研究狗的权威人士认为：某些类型的猎狗之所以缺乏对固定主人的忠诚，主要归因于它们的职业。挑选这类狗时，主要看它们的嗅觉是否灵敏，因而选中一条缺少专一忠诚度的狗也是很有可能的。狩猎爱好者或猎人经常将寻找受伤猎物的任务交给雇来的下属，所以对一只优秀的猎狗来说，为任何人工作都应该像为主人工作一样。

当流行时尚开始影响狗的装扮，那些愚蠢的妇女们擅自决定狗的造型时，事情变得越发糟糕了。在变得"时髦"的过程中，狗不得不通过交配让自己的外形更符合现代人的审美，原本极好的精神特质却被破坏殆尽。只有在世界的某些角落里，那些被作为种畜，还没被时尚文化干扰到的狗才能逃过一劫。就像在苏格兰地区的一些苏格兰柯利牧羊犬（Scotch Collie）它们仍保留着该优良品种的特性。但是在二十世纪初，这种狗因为在欧洲广受欢迎，其精神特质也

遭受了严重的破坏。同样，在圣伯纳德寺院和其僧人在中国
西藏建立的分院中，仍有一些纯正的圣伯纳犬，但在中欧，
我仅仅能看到的是一些心智退化的同类犬狗。如果连种畜在
"现代化"的品种繁育过程中都不起作用，那么该品种确
实大势已去了。那些理想主义的养狗者，宁愿死也不愿意饲
养那些达不到期望标准的狗，他们不认为繁殖体形优美但心
智缺失的狗或贩卖它们的后代，是一件不道德的事情。爱动
物的读者，也是我为之写这本书的人，请相信一点：无论你
的狗现在外形上多么完美，多么令你骄傲，但随着时间的推
移，外在的优势都会消失。然而，智力上的缺陷，比如神经
紧张、行为不端胆小怯懦，并不会随之改变，这会给你带来
无尽的烦恼。事实上，随着年龄的增长，这些令人头疼的特
征会越发明显。从长远来看，聪明、忠诚、勇敢，但没有任
何血统的狗，带给你的快乐，远比一条花大价钱买回来的冠
军狗多得多。

　　如前所述，养狗者在选择狗的外形条件或是智力条件上
很可能做出妥协，该论点已被事实证明，各种纯种狗在成为
时尚的牺牲品之前，仍保留着它们最初的优良品性。然而，
赛狗会本身就有一定的危害，因为纯种狗在赛会上的互相竞
争必然会导致这种因素的夸大。英国的养狗史可以追溯到中
世纪时期，如果你翻看那些有狗的旧照片，并和今天的同种

狗进行对比，就会发现后者简直就是前者的邪恶漫画。松狮犬在过去20年里变得十分时尚。大约在20世纪20年代左右，松狮犬仍是野生形态的狗，尖尖的鼻口，眼睛有点斜，耳朵直立，表情十分可爱，和格陵兰雪橇犬、萨莫耶犬、西伯利亚雪橇犬（Huskies）等拥有狼血统的狗十分相似。然而，松狮犬的现代繁育方式，过分注重了外表，结果它们看起来像一头胖胖的熊。鼻孔像马士提夫犬（Mastiff）那样又宽又短，在整张压缩的脸上，眼睛不再倾斜，耳朵几乎藏进那过厚的皮毛中。它们的性情也发生了变化，这些原本喜怒无常，仍保有一丝野兽性情的动物，已经变成了平庸的泰迪熊。幸好，我的松狮犬不是这样。它们蔑视了所有犬科繁殖的规则，仍然百分百地保有德国牧羊犬的血统。

苏格兰梗犬（Socttish Terrier），也是我非常喜欢的品种之一，对它的智力退化，我也深表遗憾。大约35年前，我养了一只叫阿里的苏格兰梗犬，那时，这种狗非常勇敢和忠诚。我之后养的狗，没有哪一只能像阿里那样能勇敢地保护我，能不顾自身安危救我于危难之中；没有哪一只像阿里那样需要我经常从其手下救出猫咪；没有哪一只像阿里一样跟着猫上了树！一次，它追赶一只猫，猫爬到了一棵稍微倾斜的李子树的树杈上，离地大约有人肩膀那样高，可阿里一下就跳了上去，所以那只猫又被迫向上爬了一米多。两秒钟后，猫蹲在一根细细的树杈上。突然，有那么一瞬间，阿里差点从树上掉下来，幸亏腹股沟处有一根树杈支撑着它，它才没有摔下来。它头朝下悬挂了一会儿，然后，慢慢地、费力地在树杈上站稳，并开始朝着距离它一米多远细树杈上的那只猫凶猛的吠叫。接下来不可思议的一幕发生了：阿里拉紧全身的肌肉，猛地朝那只不可能承受它体重的细树杈扑去，它虽然无法保持方向感，但它却抓到了那只几秒前还死死抓住树干的猫。然后，双方都从3米高的树上坠落下来，我为了猫的安全考虑，赶紧出面制止，尽管阿里摔得很重，仍不肯善罢甘休。结果，那只猫毫发无损，阿里却因为坠地时肩膀肌肉拉伤，好几个星期都一瘸一拐（狗和猫不同，不能灵巧地在空中旋转身体，用脚着地）。

这是35年前的苏格兰梗犬，阿里只是众多中的一只。如今，每当我漫步在维也纳这座以"爱狗"著称的城市街头时，看到那些举止优雅，毛发如乌木般优美亮丽的苏格兰梗犬，我总是感到万分沮丧。我知道，我那毛发蓬乱，一只耳朵因受伤而倾斜的阿里，绝不可能有机会和这些保养得当的"美人们"一起参加赛狗会。但它们也肯定比那些对阿里心存畏惧的狗还要卑躬屈膝。

当然，现在仍有些苏格兰梗犬丝毫不畏惧圣伯纳犬，遇到对主人恶语相向的强壮男子，也会毫不犹豫地扑上去，但这只是少数。如果有人想从赛狗会的冠军中选出一条这样的狗，无疑是白日做梦。所以我想问那些真正关心狗的未来的养狗者一个问题：能不能尝试饲养那些外形不好但却忠诚勇敢的狗，而不要总是饲养那些外形优美的狗呢？

第十章

真相

　　我第一次意识到一个既让我悲痛又给我安慰的事实，即野兽的杀戮行为和仇恨无关。这看起来顺理成章，但又非常矛盾。野兽对打算杀死的动物没有任何怨恨，就像我对晚餐时的火腿一样无冤无仇，厨房里飘散出来的肉香只会让我度过一个非常愉快的夜晚。

即使是嗜血成性的猎狗，也能很容易训练它们不去招惹家中的其他动物。有些狗生性喜欢追逐猫，无论花园里的还是街道上的，即使严厉的处罚也无法阻止它们。但训练得当的话，这些猎狗也能和家里的猫或其他动物和平共处。因此，我养成了一个习惯，就是在收养新动物时，会在书房内将它们介绍给我的狗认识。我不知道为什么狗在家里并没有那么残忍，但可以确定的是，它们在家中消失的仅仅是狩猎欲望而非打斗欲望。我们家的狗对任何胆敢进入我们房间的陌生狗，都特别具有攻击性。我没有机会观察其他的狗是否也是如此，因为原则上，我从不带我的狗去其他养狗人家里。这也是为他人考虑，不仅是因为狗打架会使大多数人神经紧张，担心自家的狗会受伤（我个人并不担心，因为我的狗通常是获胜的一方），而且一旦有陌生狗来访，公狗的反应通常令女主人头疼不已。狗抬起腿时的姿势有着非常明确的含义，正如夜莺的歌声一样，这意味着宣誓其对领土的占有权，同时也警告入侵者不要侵犯自己的地盘。几乎所有的哺乳动物动都可以用气味标记自己的领地，因为嗅觉是它们最强的感官能力。然而，训练有素的狗不会在自己的家中做标记，因为家里的空气已经完全弥漫着它自己和主人的气味。但是，一旦陌生狗或是极为厌烦的敌人越过门槛，哪怕只是一瞬间的事儿，那么前述的自控能力便会立刻消失。在这种情况下，即便是训练有素的狗也会认为自己有义务用浓缩在液体记号里的气味来驱散敌人的气味。但这让主人，尤其是女主人十分烦恼。原本干净的、训练有素的狗绕着整间屋子，抬起它的腿，不知羞耻地在一件又一件家具上撒尿。所以，请再三斟酌是否带着你的狗进入其他养狗的人家！

狗在自己家中的和平主义精神，只对潜在的猎物有效，在同类面前就形同虚设。这可能是动物界由来已久的、非常普遍的行为反应，或者确切说是它们的一种抑制能力。众所周知，老鹰和许多其他食肉禽类，不会在自己的巢穴附近猎食。如果你细心观察，会经常在鹰巢的附近看到一些木质的鸽巢，而且里面还有刚刚长成的雏鸽。除此之外，翘鼻麻鸭也会在狐穴中筑巢并孵化后代。还有报道称，野狼不会伤害巢穴附近的小獐鹿。我想正是这种由来已久的"休战协议"，使得家里的狗能和家中其他动物和平相处。

当然狗的抑制能力未必绝对保险，因此必须采取强硬措施，才能让一只对狩猎有着强烈欲望，精力旺盛的狗明白，家里的猫、獾、野兔、老鼠或其他动物是神圣不可侵犯的。它们有共同的主人，绝对不能猎食。换句话说，这些动物是绝对的禁忌！许多年以前，我在家中养了第一只小猫，名叫托马斯。当时，布利是家中最喜爱追逐猫的一只狗，我清楚地记得当时是如何教导布利，不要去招惹托马斯。当我从箱子里抱出这只小猫时，布利满怀期待地冲了过来，深深地发出了一种罕见而独特的哀鸣声，并飞快地摇着尾巴，以为这是我给它带回来的玩具。这种想法并非没有道理，因为我之前也经常送给它旧的泰迪熊或毛绒狗之类的玩具。它和这些假猎物在一起时的滑稽表情非常有趣，但这次令它大失所望。我很明确地告诉它这只小猫是禁忌，绝不能碰。布利有难得的好脾气，十分听话，我一点也不担心它会无视我的命令去骚扰小猫。因此，当它小心翼翼地靠近小猫，并闻遍小猫全身时我也没有出面干涉，尽管那时它已经因激动而浑身战栗，脖子和肩膀处的黑斑点从竖起的鬃毛中露了出来，极具危险气息。

虽然布利没对这只猫怎么样，但却时不时地看看我，发出低沉的抱怨声，尾巴摇得飞快，上蹿下跳，又不时地用四条腿原地踏步。它这是求我让它玩新玩具。我提高声音，竖起食指，更加坚定说："不行！"它看了我一眼，仿佛是在怀疑我的精神是否不正常似的，然后轻蔑地瞥了一眼小猫，假装表现出毫不感兴趣的样子。之后，它放下竖起的耳朵，发出法国斗牛犬那样的长叹，跳到沙发上，蜷缩成一团，完全不理这只小猫。就在同一天，我把它们单独留在家中数小时，我知道我可以完全信赖我的狗。当然，这并不是说它追逐猫的欲望迅速地平息了。相反，每当我开始关注小猫，尤其是当我抱起小猫时，布利就一改常态，兴奋地跑过来，疯狂地摇摆尾巴，用四只脚使劲地原地踏步。同时，它看着我，脸上的期待表情就像它饿极了时，看到我拿着一碗热腾腾的食物进屋时表现出的一样。

那时我还年轻，这只狗一脸装无辜的表情让我震惊，因为它的表情已经隐隐露出了将这只小猫撕成碎片的渴望。那时我已经对狗生气时的表情见怪不怪，也相当熟悉它们愤怒时的表达行为。但此刻，我第一次意识到一个既让我悲痛又给我安慰的事实，即野兽的杀戮行为和仇恨无关。这看起来顺理成章，但又非常矛盾。野兽对打算杀死的动物没有任何怨恨，就像我对晚餐时的火腿一样无冤无仇，厨房里飘散出来的肉香只会让我度过一个非常愉快的夜晚。在捕猎过程中，捕猎者不会把猎物当作自己的朋友、亲人。如果你想让狮子相信它追捕的羚羊是它的姐妹，或让狐狸相信兔子是它的兄弟，那么它们的惊恐程度绝不亚于人类自相残杀时的状态。只有"杀手"不知道猎物是同类时，捕杀才没有任何罪恶感。一直以来，人类总是妄图寻找这种无罪感，试图忘记他杀戮的对象是自己同类，或者在潜意识中说服自己，敌人是个比残忍的疯狗还不值得同情的家伙，这简直就是自欺欺人。

　　杰克·伦敦在他的一篇以北极为背景的小说中，用惊人的现实主义手法描写了野兽"无辜的贪婪表情"。书中的男主人公，在用尽最后一颗子弹后被一群越发凶猛的狼包围了。之后，精疲力竭和睡眠不足让他在快要熄灭的火堆旁打起了瞌睡。所幸几分钟后他就醒了，发现狼群靠得更近了。现在，他可以完全看清野狼的表情，发现它们原本恐怖的表情已经不在，脸上因愤怒产生的皱纹和眼神中露出的凶光都不见了，那可怕的獠牙也收了起来，原本平放的耳朵也竖立着。它们不再发出凶猛的咆哮声，只是竖起耳朵，眼睛睁得大大的，安静地围着主人公，这"亲切"的表情给人一种面前不是狼群而是狗的错觉。当一只狼不耐烦地来回抬脚，同时伸出舌头舔着嘴唇时，主人公才惊骇地意识到隐藏在这些友好表情下那令人毛骨悚然的意图。此刻在狼的眼中，主人公已经不具任何威胁，不再是一个危险的敌人，而只是一顿美味可口的晚餐。就像我看到之前提到的美味火腿，我敢肯定，如果那时有人给我照相，我的表情也一定非常"亲切"。

即使在几个星期后，我也敢打包票，只要我有丝毫放松的迹象，布利肯定会马上杀了这只小猫。但只要没有得到我的许可，布利不仅不能打扰小猫，还要尽力保护它免受其他狗的骚扰。这不是因为它喜欢这只小猫，而是因为布利认为"如果自己都不能在家中杀死这个可怜的家伙，那么其他的狗肯定也不行"！

这只小猫从一开始就没有对布利表现出丝毫的畏惧，这点也证明了猫天生不能理解狗的面部表情。我和其他熟知狗表情的人，可能会被这种被压抑的贪婪目光吓到。然而，小猫却没有意识到任何风险，不断地尝试邀请布利和它一起玩，要么泰然地从布利身边经过，或是招惹布利来追逐它。它有时会谄媚地靠近布利，然后突然跑开，希望布利能追赶过来。每当这时，我那善良的小斗牛犬就得努力克制自己，有时会因盛怒而浑身颤抖。我非常确信，尽管猫和狗的面部表情十分相似，但猫若从来没有接受过狗的教训是根本无法理解狗的表情动作的。猫如果和在同一屋檐下的狗保持亲密关系，那么它往往对陌生的狗也会十分信赖，而这有时会让猫走上自我毁灭之路。我经常看到猫用天真无畏的眼神盯着一只狗，最终招致狗无情的攻击。同样，一只和同一屋檐下的猫相处和睦的狗，也很难认清别的猫的愤怒表情，除非它有过前车之鉴。如果你指望狗能识别猫的愤怒表情，并用相同的愤怒给予回击，那简直是痴心妄想。

有一次，我带着7个月大的苏西去拜访一位朋友，朋友家有一只大波斯猫。一见到苏西，那只猫便拱起脊背，凶狠地咆哮。苏西对此一点也不害怕，继续向前走去，一边摇着尾巴，一边竖起好奇的耳朵，跟平常与友好的狗打招呼一样。苏西朝这只猫试探性地伸了伸鼻子，可是猫却狠狠地用爪子挠了苏西一下。尽管如此，苏西仍然认为这仅仅是一场误会，继续友好地向前走。可这只猫却重重地打了下它那银灰色的鼻子。这也并没有让苏西不快，它只是打了个喷嚏，用它那胖胖的小爪子摸了摸鼻子，然后转身轻蔑地离开了这只不好客的猫主人。

几个星期后，布利对小猫的态度发生了变化，我不知道这种情感上的变化是突然发生的，还是这两只动物的友谊在我不在家的时候逐渐养成所致。有一天，托马斯再次害羞地接近布利，然后突然掉头就跑。让我惊吓不已的是，布利突然跳了起来，怒冲冲地追赶躲在沙发后面的小猫。它的大脑袋使劲地往沙发底下钻，对于我震惊之余的规劝，它的回应也只是殷切地摇摆着尾巴。这个动作并不一定意味着它会友好地处置这只猫，因为当它紧咬敌人身体时，也是这么摇尾巴。它嘴上恨不得将对方撕成碎片，可尾巴却亲切地摇动，这是多么复杂的大脑机制。我们可以这样解读它身体后部的动作："亲爱的主人，请不要生气，很遗憾我眼下不能放过这个卑鄙的家伙，即使你事后狠揍我一顿或者浇我一桶冷水，我也在所不惜。"不过布利那时摇摆尾巴的方式和平常应对敌人时的不同。最后布利还是服从了我的命令，从沙发底下钻了出来，可托马斯却像炮弹一样冲了出来，猛地跳向布利，一只爪子抓着布利的脖子，另一只抵着布利的脸，它费力地从下面伸出小脸，试图去咬布利的喉咙。此时此刻，我眼前浮现了一幅酷似著名动物画家威廉·库纳特的艺术画作，画中一只狮子用同样艺术性的动作杀死了一只水牛。

此时，布利也玩了起来，它的动作像极了画中那只受害的水牛。在托马斯小爪子的拽拉下，布利的前半身重重地摔在地上，它在地上滚了一圈，发出了十分逼真的垂死挣扎声，这种声音只有快乐的斗牛犬或即将死亡的水牛才能发出来。布利玩够之后，立刻跳了起来，将小猫晃了下来。小猫立马向后跑了数米远，然后翻了个跟头，乖乖地束手就擒了。这是我有生以来亲眼目睹的最精彩的动物游戏。这只强壮的、肌肉发达的、皮毛黑亮的狗，与这只柔软的、长有类似老虎斑灰色条纹的小猫，无论在外形还是动作上都形成了一副有趣的景象。对此，有一个十分有趣的科学观点，即猫科动物在和比自己更大的玩伴玩游戏时所产生的一系列特殊动作其目的只是为了捕杀猎物，并不仅仅是打斗。我见过猫嬉戏时和打斗时的不同表现，我相信，前者的动作在真正的打斗中绝不会出现。攻击者用爪子掐住比自己体形大的猎物的脖子，并从下面咬住对方的咽喉。但我们的家猫和它们的野生祖先都不习惯杀死这样大的猎物。因此，之所以产生这种有趣且常见的现象，可能是由于家族古老的一套动作，广泛分布在相关的动物群体中，但却失去了其原有的功能。但是，由于遗传特性，这个动作只在玩耍时才出现。

托马斯死后许多年，我才又一次看到猫在玩耍时表演的"杀水牛运动"。这次扮演狮子角色的是一只长着银色平纹的大公猫，它是我一岁半女儿达格玛的好朋友。这只猫喜怒无常，没有片刻安宁，但唯独对我女儿十分耐心，任由女儿抱着到处走动，它的体形差不多和女儿一般大了，所以那漂亮的带有银圈的黑色尾巴总是在地上拖着。更惨的是，达格玛经常踩到它的尾巴，有时会被绊倒，整个人压在它身上。即使这样，它也不会去咬她或抓她。其实，在这里达格玛扮演了水牛的角色来满足大公猫的"报复"目的。每次看它猛地扑向女儿，紧紧抓住她，张开牙齿假装咬我女儿的时候，我都胆战心惊。当然，公猫的这些动作并非是认真的，女儿有时会大喊大叫，但也只是夸张的表演。公猫的这些行为是祖先们遗留的狩猎习惯，并在之后高度逼真的嬉闹玩耍中得以巩固、练习。

布利和托马斯的友谊，远远超过了同一屋檐下平常猫狗所展现出的相互包容，它们在户外见到彼此时的表现是最好的证明。每次见面时，它们会彼此问候：托马斯发出欢乐的叫声，布利则友好地摆摆尾巴。其实，大多数狗在家里能和猫和平相处，但出了家门，就不一定是这样了。就比如我家现在养的那些狗，在我的房间里，它们对家中那只无精打采的猫没有恶意，苏西甚至还会快乐地和它一起玩耍，这只猫并不害怕这些狗，甚至会偷吃它们的食物，把它们的尾巴尖儿当作"老鼠"来玩耍（它不够大胆，不敢玩"杀水牛"的游戏）。然而，在别的房间里情况就完全不同了：猫会变得小心谨慎，尽量避开这些狗，最多只会藏到家具底下或爬到柜子上面去小心地逗弄它们，而且十分怕被追赶。出了家门，猫的态度更是180度大转弯。它对这些狗表现出了十足的恐惧，尤其害怕喜欢追捕猫的沃尔夫。据我观察斯塔西和我女儿达格玛的那只银色平纹的公猫关系最为紧张。在家里，斯塔西对这只公猫视而不见，但出了家门，斯塔西就会对之穷追不舍。终有一天，这只公猫再也没回来，我十分怀疑斯塔西就是那杀猫的凶手。

对于不得已而必须生活在同一屋檐下的动物而言，狗对捕杀欲望的克制力因其种类而异。即使是最顽固不化的猎狗，人们也能轻易地教会它们别去杀害温顺的鸟类。

事实上狗对各种小型哺乳动物是最难产生克制力的。兔子是所有小猎物中最具诱惑力的，即使是受过完美训练，能和猫和平共处的狗，也不能让它们单独和兔子在一起，即使是我饲养的狗也不例外。令人不解的是，苏西对我那对金色的仓鼠完全没有兴趣，可是，它却毫不掩饰对我房间里另一只蹦来蹦去的小跳鼠的渴望，为此我严令禁止它招惹这只小跳鼠。许多年前，我将一只温顺的獾带回家，介绍给我家里那只凶残的德国牧羊犬，它们俩的相处着实让我惊讶。我原本以为这只奇怪的野生动物会激发出狗的所有狩猎本能，但事情完全相反。这只獾原本住在一个养狗的护林人家里，所以接近狗时毫无畏惧。然而，我的牧羊犬却用少有的谨慎态度将它嗅了个遍。很显然，牧羊犬一开始就没把獾当作猎物，而是当作一位样子有些怪异的同类。几个小时之后，它们便亲密地在一起玩耍。与那细皮嫩肉的伙伴相比，新来者的皮肤坚硬，狗儿不时地发出疼痛的叫喊声，这样的场景确实有趣。奇怪的是，双方的游戏没有演变成"战争"。从一开始，狗就完全信任这只獴的社会抑制行为，允许它在自己背上打滚，抓住自己的喉咙，而根据狗的游戏规则，"勒住脖子"的游戏原本只发生在关系友好的狗之间。

我还发现家里的狗对猴子的态度十分特殊。为了保护我那些狐猴，我不得不对狗严加管教，尤其害怕狗会伤害那只叫马克西的可爱小猴，我的狗只要在花园碰到小马克西，就想去抓它。然而，马克西却觉得这十分有趣。也难怪狗总是爱追赶马克西，因为它最喜欢先从后面冷不防地偷袭，抓它们的臀部或拽它们的尾巴，然后纵身跃到有安全高度的树上，将尾巴垂下。树下那些大怒中的狗，只能眼巴巴地看着。而马克西和猫的关系，尤其是和那只生了好多孩子的布希的关系，更加模棱两可。马克西是一个独身的"老姑娘"，尽管我曾为它找过两个丈夫，但结果都不尽如人意。它的第一个配偶在被我找到不久就瞎了，第二个死于一场意外，所以马克西一直没有孩子。和许多没有孩子的女性一样，它十分"嫉妒"那些儿女环绕在身边的幸福母亲。布希一年至少生产两次，马克西十分喜爱布西的孩子，就像我那未婚的保姆对我孩子的疼爱一样。我的妻子总是将孩子托给善良的保姆照顾，对此妻子十分感激她。但布希的想法和我的妻子完全不同，它极不信任这只狐猴，如果马克西想爱抚和亲吻小猫，就得采取特殊策略接近小猫们，而这些策略通常都能奏效。无论布希如何提高警惕，将小猫们藏得多么隐蔽，马克西总能找到小猫的藏身之处，并偷偷摸摸地绑走一只小猫，它从来不想多带走一只。就像狐猴妈妈平时抱着小猴子那样，马克西用四肢中的任意一条就能将小猫紧紧地搂在怀中，就算被当场逮到，它也能迅速地逃跑，让布希追赶不及。马克西通常在最高的细树枝上停下，那里是猫绝对爬不上去的地方。然后，它开始沉浸在照顾婴儿的乐趣中。照顾仪式最重要的部分莫过于清洁身体这项与生俱来的本能活动。马克西精心地梳理这只小猫的茸毛，并十分享受这个过程，待小猫全身都清洁干净后，便开始关注所有婴儿都需要特殊护理的部位。当然，我们总是设法尽快地将小猫取下来，因为担心马克西会不小心让小猫从树上摔下来，但事实上，这从来没有发生过。

马克西是如何辨别所带走的猫是"婴儿"的呢？这个问题十分有趣，我也不知道怎么回答。显然，这和猫的体形大小完全无关，因为马克西对同样大小的成年哺乳动物毫无兴趣。当我的母狗提托（和马克西同岁）生下一窝小狗后，这位热忱的"保姆"对这些小狗也给予了和照顾小猫时同样的情感，即使当小狗的体积是它的两倍时，它的爱也没有减少。在我的坚持下，提托十分不情愿地允许马克西将它压抑的庇护情感，倾注到这些小狗身上。于是经常可以看到这只狐猴和幼犬滑稽有趣的游戏场景。当我的长子托马斯出生时，马克西十分喜爱他，将他视作最满意的照顾对象，它会在宝宝的婴儿车旁连续坐上好几个小时。不熟悉狐猴的人看到这一幕时，通常会十分惊恐。只有理解了这种动物的内心，才会欣赏它们温和的性格。对于不知情的人，脑海中萦绕的总是狐猴那可怕的黑脸、突出的耳朵、尖尖的鼻子，还有那白天眯成一条细缝、晚上变得巨大的琥珀色眼睛。很久以前动物学家形容这种动物为"可怕"的狐猴，但我却可以放心地像托付给保姆那样，将孩子托付给这只动物。我十分确信马克西不会伤害我的孩子，但这只狐猴对孩子的爱却也经常引起其他冲突。它的嫉妒心使它对孩子真正的看护人非常凶狠，所以当别人照顾孩子时我一般不让马克西在场。而家中也只有我才偶尔允许它跟在身旁"照顾"孩子。

据说人类的眼睛有一种神奇的能力。毛克利①之所以被逐出狼群，主要是因为野兽们无法忍受他的凝视，即使他最好的美洲豹朋友也无法直视他的眼睛。

正如迷信故事中总有真实的元素存在一样，以上所说的无法对视也许是真的。鸟类和哺乳类动物并不直接互相凝视对方，即使对方足够让它们信任，也就是说，它们的视线

---

① 毛克利：迪斯尼动画电影《森林王子》中的主角，影片讲述被狼群养大的他，如何回归人类世界的故事。——编者注

不会一直集中在一处。人类的视网膜非常特殊，视网膜的中央凹经特殊分化，可以看清东西，外围薄膜负责分辨稍微不清楚的图片，基于这个原因，我们的眼睛可以在不同点之间来回移动，视网膜的中央部分（中央凹）轮流聚焦不同的焦点。人类以为一看到照片就能看清整个画面的映象，实则是一种错觉。所有动物的视网膜中枢和外围薄膜并不像人类那样有着明确的分工，也就是说，动物的视网膜中央凹看东西不是十分清楚，用外围薄膜却可以看得十分清楚。

　　由于上述原因，大多数动物固定视线在一处的时间比人类短很多，而且也没有人类那样频繁。当你带着狗在田间散步时，不妨观察它多长时间会直视你一次。你会发现在几个小时内，它直视你的次数只有一两次，因此它能完全按着你的路线走就像是个巧合。关于这一点我们可以从狗能通过外围视线找到主人的事实进行解释。大多数能够双眼同时固定视线的动物，比如鱼类、爬行动物、鸟类和哺乳动物，只有在极其紧张的状态下才能固定视线在一处目标上。相比之下，人类却可以用视网膜的中央凹将视线快速、连续地从一个点固定到另一个点上，所以当我们看到有人"目光呆滞"时会就会觉得很奇怪。但绝大多数动物出现这种放空呆滞状态却十分正常。如果动物长时间将视线固定在周围的某处，要么是在表示担心，要么是有所企图（通常都不怀好意）。

这种情况下，动物的视线固定相当于锁定目标。如果一定要让我举出我的狗凝视我的具体例子，我只能想到3种。第一种是我拿着装有食物的碗进屋的时候；第二种是在模拟战斗的时候；第三种（仅有片刻功夫）是当我高声地叫它们的时候。动物之间只有在试图采取激烈措施或者畏惧对方的时候，才会互相凝视。因此，动物将长时间的凝视视作敌意或危险的信号，所以，人类的凝视也被当作非常具有敌意的表情。如果我自己被一群来意不明的野兽包围，并且它们睁大眼睛紧紧盯着我（就像人和人之间的眼神接触那样），那么我必须得承认，我肯定会吓得赶紧离开。在这种情况下，"狮子眼神的力量"相当值得研究。因为生理机能的差异，直视对人类、犬科和猫科动物的意义也不同。如果一个人不敢直视我的眼睛，而是不停地来回打量我，这说明他动机不纯或是对我心存畏惧（尴尬其实是一种平和的畏惧形式）。如果换成动物那么看人，表现出却是善意，这会让人觉得自己处于某种监护之下。通过这些观察，我们可以得出人类与动物相处时的一些行为规范。如果想赢得胆小的猫、神经质的狗或其他类似动物的信赖，千万记得不要像饥饿的狮子盯着猎物那样凝视它们，要将视线自然地落在它们身上，而且只能偶尔为之，时间要短。

　　纯种猴眼睛的生理机能和人类的非常相似。它们的眼睛也位于头骨中，和人类一样，能够直视前方，聚焦周围的物体。猴子的好奇心极其强烈，与其他动物相处时也表现出更加圆滑的交际手段，它们的叫声总是能刺激到高等哺乳动物的神经，尤其是猫和狗。这些动物对猴子的态度完全能反映出它们对人类的态度。如果是只对人类和蔼顺从的狗，就算是面对最小的猴子，也会唯命是从。即使那是只强壮、凶残的狗，我也不担心卷尾猴会吃亏。有趣的是，我还得经常站在狗这边，出面制止卷尾猴的霸道举动。我那只白头卷尾猴——埃米尔，用自己独特的方式展现对布利的喜爱，要么将布利当马骑，要么把布利当作热水袋。可是，如果布利对这只小家伙表现出些许的反抗，就会招致严厉的惩罚——埃米尔会对它又掐又咬。当埃米尔需要布利给予温暖时，布利就不能从它们所在的沙发上起来。所以每次到了吃饭的时候，我总是得强迫埃米尔离开，否则，可怜的布利就连吃饭都不得安宁，幸好埃米尔从来没抢过它的"粗茶淡饭"。总体来说，狗对猴子的态度就好像是在对一个被宠坏的、性情乖僻的小孩一样。众所周知，孩子总是可以欺负狗而不受惩罚，狗不会咬小孩，也不会朝小孩大声地吼叫。

　　上述狗对孩子的行为举止很大程度上也适用于我的猫。然而，尽管猫对孩子比对成年人有耐心，但却没狗那么好的忍耐力。猫对猴子的态度和狗也不一样。如果马克西胆敢拉

扯托马斯的尾巴，后者总是毫不客气地朝前者大声吼叫。家
中其他的猫和猴子相处时也都有自己的原则。根据我的观
察，猴子对猫科动物的天生畏惧，未必是件坏事。我的两只
绒猴，一出生就被关了起来，因此，不可能有与猫科动物交
手的可怕经历，可是它们却十分害怕动物园研究所里的老虎
标本，对我们家的猫也是小心谨慎。在最初的时候，我的卷
尾猴也对猫表现出了比狗多的尊重，尽管猫的个头比狗小
得多。

　　我不喜欢把动物赋予人性化。当我在动物保护协会出
版的一些杂志上，看到题为《好朋友》或类似的文章，文
章下面还附有一张猫、达克斯猎犬和知更鸟一起就餐的图片
时，我就浑身不舒服。更离谱的是，我最近看到一张图片，
上面竟画着一只暹罗猫（又称泰国猫，原产泰国，属短毛
型）和一只小短吻鳄（产于美国及中国）坐在一起。根据我
的经验，不同物种之间的真正友谊只能在人和动物之间才会
产生，除了人类，不同物种的动物之间很难有真正的友谊。
正是因为这个原因，我才将本章标题命名为"真相"，而非
"动物的友谊"之类的。相互容忍并不等同于友谊，即使动
物因共同利益而联系在一起（比如在游戏中），也不能说
这是由真正的社会联系所致，更不能说是牢固的友谊使然。
我的乌鸦——罗澳，总是不惜飞行好几里，到多瑙河的沙洲

处寻我；我的灰雁——玛蒂娜，当我离开得越久，它见到我时就越热情；我的两只野雁——皮特和维克多，即使非常害怕，也会不顾一切地保护我免受老雁的猛烈攻击。这些动物都是我真正的朋友，也就是说我们的爱是相互的。事实上，真正的友情很少出现在不同物种的动物之间，很大程度上归因于"语言困难"。我曾提到过狗和猫之间的相处模式，因为它们就连对方威胁和生气时最明显的表达行为都无法理解，所以才会产生矛盾。所以更谈不上理解和表达友谊情感之类的细微变化。即使布利和托马斯之间的亲密感，随着彼此间的了解逐渐增加，但也不能称之为友谊。我的德国牧羊犬——提托和貛之间的关系也是如此。上述两种不同物种间的关系，是我见到过的最亲密、最接近真正友谊的关系。在之后的许多年中，我家里又住进了许多不同种类的动物，它们都能利用"休战协议"和平相处，也有的把握机会发展了相对真实的友谊。

　　我的确亲眼目睹过狗和猫之间的真正友谊，故事的主人公是我们村庄某农场的一只混种狗和一只三色母猫。这条狗十分虚弱且相当胆小，这只母猫却正好相反。猫比狗年长很多，在这只狗小的时候，猫就对它产生了类似母亲般的情感。正是在此基础之上，它们建立了狗和猫之间最亲密的"友谊"，而我在一次偶然的机会下，有幸见证了这一切。

这两只动物不仅一起玩，而且非常喜欢彼此为伴，它们一起做的事我从未在别处见过。它们一起在花园或村里的街道上散步。这种非同寻常的动物联合甚至经受住了终极考验。这只混种狗是我家法国斗牛犬公认的敌人之一，主要是因为它是为数不多的比布利小且对布利心存敬畏的狗。一天，在乡村街道处，布利突然袭击了这只狗，并和它在一个斜坡上纠缠了起来。不管你信不信，这只三色猫冲出家门，穿过花园来到街道中央，发了疯似的扑向布利，就像骑着扫帚的女巫那样，骑在布利身上。然后，它和混种狗沿着路边跑开，不久就从战场中消失了！如果这种事情都可能发生的话，那么城镇中笨拙肥胖的猫和狗相安无事共享一餐，就称不上是"友谊"了。

第十一章

栅栏

　　动物和人类之间有围栏存在，动物会感觉安全些，因为人无法侵入它的"逃离距离"。动物甚至会与围栏另一边的人类产生友好的社会接触。但人类如果以为动物允许自己隔栏抚摸它就贸然进入其领地，动物可能会吓得跑掉，也可能会发动攻击，因为"逃离距离"和范围更小的"临界距离"都因为围栏的失效而受到侵犯。

当你沿着花园围栏散步时，经常会看到一只大狗，在围栏后朝你又吼又叫。它凶猛地吠叫，用尖利的牙齿啃咬围栏，根据它的行为可以判断，幸亏这个围栏阻拦，才使你免于被它撕破喉咙。然而，这种情况下，我不会被这种暴力的恐吓吓倒，我总是毫不犹豫地打开花园的门。这样，对面的狗反倒犹豫了，不确定下一步该怎么做，只能继续吠叫，但威胁的声调不再那么强烈。它的言行举止显然表明了如果早知道我会打开栅栏，它就不会那么愤怒了。如果花园的门是开着的，狗甚至可能会逃出数米之外，在一个安全的地方用不同声调继续吠叫。反之，某些非常胆小的狗或狼，虽然躲在围栏后不露出任何敌意或怀疑的表情，但可能会对出现在门口处的任何人发出致命的攻击。

　　这些截然不同的行为可以用相同的心理机制来解释。每一种动物，尤其是大型哺乳类动物，一旦遇到比自己强大的对手接近自己时，就会立刻逃跑。发现这个现象的动物学教授海德格尔称这个距离为"逃离距离"，该距离会随着动物对对手恐惧程度的增长而按比例地增加。当敌人开始侵入"逃离距离"时，动物能预知何时该夹着尾巴逃跑；如果敌人靠得太近的话，动物也能预知何时该发动进攻。在自然状态下，超越"临界距离"只发生在两种情况下：一种是动物被突袭时，另一种是动物被逼入绝境，无法逃离。第一种情况的例外就是：当具有侵略性的大型动物看到它的对手接近时，不逃跑，而是藏起来，希望对手看不到自己。但是，如果隐蔽的动物被敌人发现，便会殊死抵抗。正是这种机制，使得搜索受伤的大猎物变得极其危险。侵略者逾越"临界距离"时，动物会因为绝望而勇气大增，而这也是迄今为止动物间发动的最具危险性的搏斗。这类反应并不是大型食肉动物特有的，在我们的土著仓鼠身上也是如此。被逼入绝境，无法逃跑的老鼠会进行最凶猛的攻击，因而有"兔子急了也会咬人"的说法。

　　"逃离距离"和"临界距离"的影响，有助于解释封闭式和开放式花园内狗的行为。封闭式花园的围栏，提供了一段相当于被分割出来的安全距离。因此围栏后面的狗有安全感，表现得十分勇敢。而开放式花园内的动物容易产生敌人随时靠近的感觉，这经常会造成相当严重的后果。对于那些缺少经验的动物，尤其是长期被圈养在动物园中，相信自己的笼子牢不可破的动物更是如此。动物和人类之间有围栏存在，动物会感觉安全些，因为人无法侵入它的"逃离距离"。动物甚至会与围栏另一边的人类产生友好的社会接触。但人类如果以为动物允许自己隔栏抚摸它就贸然进入其领地，动物可能会吓得跑掉，也可能会发动攻击，因为"逃离距离"和范围更小的"临界距离"都因为围栏的失效而受到侵犯。在这种情况下，刚才还友好的朋友也会反目成仇。

我从未被驯服的狼袭击过，我也将此归因于对这些规则的了解。正如我之前说过的，我曾经将我的母狗斯塔西和一只柯尼斯堡动物园里的大西伯利亚狼配对，我的计划遭到强烈地反对，因为这只西伯利亚狼异常凶猛。不过，我仍决定冒险一试。以防万一，我最初将这两只动物放在储备区相邻的笼子里。我将两个笼子间的联络门打开一定宽的距离，只够斯塔西和狼伸出鼻子，互相闻对方。这个仪式后，双方都摇摆各自的尾巴，再过几分钟，我将门完全打开。对此我从来没有后悔过，因为从那一刻开始，它们之间从未产生过任何摩擦。

当我看到斯塔西和一只巨大的灰狼友好地一起玩耍时，

我突然有一种冲动，想尝试成为一名驯兽师，而且想去看看这只狼的巢穴。这只狼隔着栅栏对我非常友好，所以在缺乏经验的人看来，我的行为似乎毫无危险。然而，如果我不知道笼子和临界距离之间的关系的话，我的计划可能十分危险。我先把笼子里的几只狗、豺和鬣狗撤出，然后将斯塔西和那只狼哄骗到最里面的笼子里。打开所有的连接门后，我慢慢地、小心翼翼地走进第一个笼子，然后在可以看清笼子内所有情况的位置处停下。最初，它俩没有看到我，因为它们的位置并没和连接门在一条直线上。但过了一会儿，这只狼望到最后一扇门时发现了我。这只狼原本和我很熟，喜欢隔着栅栏舔我的手，允许我摸它的头，看到我来会高兴地跳来跳去。可是此刻在没有栅栏的情况下，它却在离我数米远的地方吓得要死。它的耳朵耷拉下来，鬃毛也威胁性地竖起来，尾巴紧紧夹在两腿之间，如闪电般从门口处消失。下一刻它又折了回来，仍面带怕意，但鬃毛不再竖着，它歪着脑袋紧紧地盯着我。然后，它开始在两腿间小幅度地摇尾巴。我机智地看向另一边，因为对于一只被惊动的动物来说，固定的目光会吓到它。在此关头，斯塔西也发现了我，我偷偷斜视了一眼，看到斯塔西飞快地朝我冲过来，这只狼也紧随其后。我必须承认，有那么一瞬间我惊恐万分，但当看到这只狼迈着笨拙的步伐靠近我时，便立刻恢复了平静。因为狼微微地晃着脑袋，所有善于观察的爱狗者都知道，这是一个邀请玩耍的姿态。所以，我绷紧全身肌肉，用来迎接这只巨大野兽的友好冲击力。我侧身站着，防止它踢在我的肚子上，尽管做了这些预防措施，我还是被撞到了墙上，但必须承认这只狼对我又重新建立了信赖感，态度十分友好。狼和我的力量悬殊就如同猎狐小狗和大丹犬的力量悬殊，这样你就能明白这只狼的巨大力量和玩耍时的粗暴了。在和狼玩耍的过程中，我终于明白了狼为何会比一群狗还厉害的道理，因为不管我如何小心，仍不断地被撞倒在地板上。

另一个有关围栏的故事发生在我的老布利和它的死敌——一只白色的波美拉尼亚丝毛犬之间（Spitz，一种尖嘴竖耳，皮毛光滑的小狗）。这只狗的主人家有一座狭长的花园，沿着乡村街道延伸，周围有绿色的木制栏杆。沿着这长达30米的围栏，这两只狗来回地奔跑狂吠，只会在两端的折返点处停留片刻，用沮丧愤怒的动作和声音诅咒对方。有一天，尴尬的局面出现了。由于围栏正在维修，只有离多瑙河较远端的栏杆被保留了15米，靠近河边的下半部分围栏均已拆除。我和布利从家出发，向山下的河边方向前进。布利的死敌老远就看到了我们，在花园最高处等着，因激动而浑身战抖。两只狗开始了和往常一样的诅骂，然后沿着围栏开始飞奔。此时它们一直没发现什么不妥，直到跑过围栏已被拆除的地方，才发现花园角落处栅栏被拆掉了。它们停在那里，毛发竖立，露出凶狠的獠牙，此时这里已没有栅栏。一会儿，叫声突然停止。它们做了什么呢？两只狗匆忙转身向仍然有围栏的地方飞奔，然后在那里重新开始朝对方吠叫，仿佛什么事都没发生似的。

第十二章

澳洲野犬的由来

　　若想让哺乳动物的母亲收养陌生的婴儿，那么最好将婴儿以最无助的形式放在它的窝外。孤独、无助的小家伙躺在窝外，会比窝中的幼崽更容易刺激雌性的抚育本能。但如果直接把孤儿放在它的孩子中间，那么它极可能被当作入侵者，随时有被杀的危险。即使从人类角度上看，这种行为也是可以被理解的。

1939年的一个阴天，我担任美泉宫动物园馆长的朋友安东尼斯教授给我打电话说："我记得你说过想给你养的母狗收养一只小澳洲野犬，我的澳洲野犬6天前生产了，如果你现在过来，可以亲自挑选一只。"

　　一听到这激动人心的消息，我就立刻出发，完全忘记了那天早上我还有个重要的约会。到达美泉宫动物园后，我将这只被驯服的、脾气温和的澳洲野犬妈妈诱骗到笼子的隔间里，然后在一群正在产箱中到处爬的红褐色小家伙中挑选了一只唯一没长白色斑纹的小狗。因为长有白色斑纹的小狗大多和它们的祖先一样，对人类过分依赖。

　　澳洲野犬是一种非常不寻常的动物，在发现澳洲大陆之初，它是唯一存在的不属于袋类的较大型哺乳动物。在这片土地上，除了澳洲野犬之外，只有蝙蝠比它略高级一些。因地理位置的特殊，这个大陆在历史的长河中被孤立了很长一段时间，它的整个哺乳动物群，基本是由具有原始特征的有袋类哺乳动物构成。当然也有另一种非有袋类哺乳动物——黑人原住民居住在此地，他们的文化水平非常的低，没有农业或家畜饲养的经验，与他们的祖先——第一批定居者相比，他们的智力和文化水平显然低得多。他们常年在海上劳作，就和今天的新几内亚人一样。

这里有个备受争议的疑问：澳洲野犬究竟是野生犬，还是被初来澳洲大陆的人带来的家犬呢？我非常确信后者的说法是正确的，任何熟悉家养犬习性的人，绝不会怀疑澳洲野犬是第二批野生形式的家养动物。布雷姆认为家犬和野生犬的步态完全不同，其实这种观点是错误的。相比于澳洲野犬，爱斯基摩犬或哈士奇的动作与狼或是豺狗在步伐上有更多的相似之处。除此之外，纯正的澳洲野犬的爪子上经常长有白色的"长袜"型或星状斑纹，尾巴尖处也是白的。这些特征在其他野生动物身上从未曾有过，但在家养品种身上却经常出现。我十分肯定人类将野狗带到了澳大利亚，由于这里的有袋哺乳动物行动缓慢，易于捕捉，所以人类的捕猎文化逐渐退步，在这个过程中，驯养的野狗却相对独立地保留了捕猎方式和野性。

　　为了探究澳洲野犬的本性和它们对家犬的行为，我决定让家中的母狗饲养一只澳洲野犬。当斯塔西的母亲姗塔和美泉宫动物园的母澳洲野犬在同一时间怀孕时，我知道机会来了。

　　当我把这只小狗装进公文包的时候，安东尼斯看了一下时间，突然喊道："我的老天！我该出发了！我要去参加维尔纳教授的葬礼。你不去吗？"我突然想起来，我今早抛在脑后的重要约会就是参加这个葬礼。弗里茨·维尔纳教授是我最尊敬的老师之一，他对动物的了解几乎无人能及，他主攻爬虫学，也就是说他专门研究两栖动物和爬行动物。除此之外，他也是一个十分特别的动物科学家，现在几乎没有人能像他那样，只看一眼，就能说出所见的爬行类或蝇类动物名字、特点。他的知识非常渊博，陪他旅行，既能获得乐趣，又能获得启示，因为他几乎可以毫不犹豫地认出所有的动物。曾有幸与他一起参加过北非和近东探险队的人，都向我提到维尔纳教授熟悉这些国家的动物就像他熟悉我们自己国家的动物一样。此外，维尔纳教授还是一位成功的动物饲养员，从他身上，我学会了许多关于饲养小动物的方法。

　　我发现自己处于一个极其矛盾的境地，既想向我最尊敬的老师表达最后的敬意，又急于将这只小野狗带到它那位住在阿尔腾贝格的养母那去。在我考虑之后，我以为小狗睡在我温暖的公文包中会十分舒服，所以我们从动物园出发直奔葬礼处。我原本想静静地站在参加葬礼的人们后面，但维尔纳教授是一个单身汉，亲戚很少，所以安东尼斯和我作为死者的得意门生，必须站在棺材后的第一批哀悼者中。我们站在老动物学家的坟墓旁，沉浸在无限的哀伤之中，突然从公文包里传来了嘹亮的、极具穿透性的哭声，原来这只孤独的小狗想妈妈了。我打开公文包，伸手去抚摸这只小野狗试图让它安静下来，但哭声却越发大了，无奈我只好马上离开。我从哀悼者中挤出来，安东尼斯这位真正的朋友紧跟着我。他强忍住不笑，然后对我说："你冒犯了所有在场的人——除了老维尔纳。"他说这句话的时候，眼中满含泪水。事实上，在所有墓旁哀悼者当中，我们两个和公文包中的小野狗，才是最了解老教授的灵魂伴侣。

我携带公文包抵达阿尔腾贝格后，直奔暂时作为繁殖犬舍的阳台（姗塔和它的孩子们暂时生活在这里），想把这只小澳洲野犬介绍给姗塔。长途后，小澳洲野犬已经饥饿难耐，呜咽不已。姗塔老远就听到了哭声，竖起耳朵，十分不安地走过去。狗的视力不是很好，姗塔的心智又不够成熟，所以它以为是自己的孩子在箱子里哭泣。那里传出的哀怨哭声激发了它所有的母性本能。

　　我从箱子里抱出小狗，将它放到阳台中间的地上，希望姗塔能亲自将它带到窝中。若想让哺乳动物的母亲收养陌生的婴儿，那么最好将婴儿以最无助的形式放在它的窝外。孤独、无助的小家伙躺在窝外，会比窝中的幼崽更容易刺激雌性的抚育本能。但如果直接把孤儿放在它的孩子中间，那么它极可能被当作入侵者，随时有被杀死的危险。即使从人类角度上看，这种行为也是可以被理解的。

　　然而，我并不能确保放在动物窝边的陌生婴儿一定会被接受。比如，老鼠这样的低等哺乳类动物，会把躺在窝外的陌生婴儿带回窝中，但婴儿进入窝中之后却会被视作入侵者而遭无情地吞食。许多鸟类也有这样类似的救生反应，但这在人类看来却非常不合理。举例来说，假设一只带着一群孩子的雌麻鸭看到一只野鸭的孩子正在实验员的手中拼命呼救，这只雌麻鸭会立即以惊人的勇气攻击实验员，救出这只小野鸭。但片刻之后，当获救的小鸭试图融入到这群孩子中时，雌麻鸭就会出面制止，如果不能阻止的话，它便会在几分钟内将陌生的小野鸭杀死。其实，这种自相矛盾的行为很容易解释：小野鸭的呼救声和小麻鸭的声音几乎一样，通过反射作用刺激了雌麻鸭的救生反应。但当雌麻鸭发现多毛的小野鸭显然和自己的孩子不同后，它的另一种本能——育雏防御反应就会被激起。因此，小野鸭突然变成了应被驱逐的敌人，而不是一个需要救助的孩子。即使像狗这种智力发展较好的哺乳类动物，也可能产生由育雏防御反应引起的类似的矛盾行为。

这只小澳洲野犬在草丛中持续哀叫，姗塔急忙跑向前，显然打算将它带回窝中。它甚至没有先停下来闻闻看，仿佛确信这个小家伙就是自己的孩子。它弯下腰，伸出爪子抓起这只正在呜咽的小家伙。母狗搬运小狗时，通常会用嘴巴内侧牢牢衔住小狗，这样小狗才不会被咬伤。姗塔刚要衔起小狗，就闻到了这只小狗身上从野生动物园带来的野性、陌生气味。它吓得跳了回来，发出了类似猫吐唾沫时的声音，我从来没听过狗发出这样的声音。退后几米后，姗塔又走近这只小狗，谨慎地闻着。过了至少一分钟，它才用鼻子试探性地碰触这只小野狗，然后，它突然粗鲁地舔这只小狗的皮毛，这种冗长的吸吮动作我再熟悉不过，这是动物移除新生幼崽身上的胎膜时常见的动作。

为了解释它的行为，我必须先讲另一个话题。哺乳动物的母亲如果误食了新出生的孩子（这种行为经常发生在猪、兔子等家畜身上，农场饲养的毛皮动物偶尔也会如此），通常是因为移除胎膜、胎盘和剪断脐带活动的一个反应缺陷。当婴儿出生后，母亲开始用吸吮或舔舐的方式，抬起包住婴儿的胎膜，形成足够大的褶皱，使之能用门牙咬住，然后小心翼翼地咬开胎膜（做这个动作时，皱起的鼻子和露出的门齿与狗为了清除身上的寄生虫而咬自己身上的皮肤时一样）。一旦咬开覆盖胎儿的胎膜，母亲会逐渐以同样的吮吸和舔舐的方式将胎膜全部吞到腹中，然后再用相同的方式吞下胎盘和脐带。在这个过程中，咬和吮吸的动作必须缓慢谨慎，直到脐带的末端像香肠那样被扭断和吸干。这时，就应该立刻停止行动。但不幸的是，有些家畜经常不能及时终止这个动作。最终，不仅是脐带被吞食，幼崽的腹部也一起被吞入腹中。

我曾经养过一只母兔，它甚至连幼崽的肝脏都吞了下去。母猪和母兔会习惯性地误吃它们的孩子，饲养员在了解了这种行为后会将新出生的婴儿立刻抱离母亲身旁，清洗干净，在母亲吞食胎膜的欲望过去之后再送回母亲的身边，这样就可以有效地防止新出生的婴儿被母亲误吃。由此，我们可以看出，人类帮助动物除去缺陷反应后，也会具有完全正常的母性本能。对于不同种类的哺乳动物母亲，会吞食死掉或生病的幼崽，这种行为就欲望和冲动本能而言是可以被理解的。在这种情况下，它们的动作和它们吞噬胎膜时的一样，而且也是从脐带处开始。

我曾经亲眼目睹过这种行为，着实令人印象深刻。美泉宫动物园里有一对身上长有黄色斑点的雄美洲虎和黑色雌美洲虎，它们几乎每年都会产下一只皮毛像母亲那样墨黑的健康幼虎。可有一年情况非常特殊，这位母亲产下的幼虎从出生之日起就体弱多病，尽管如此，它还是长到了两个月大。一天我和安东尼斯教授一起巡视动物园，当我们走近这只大型食肉兽的笼子前，安东尼斯告诉我，这只小美洲虎已经时日无多。我们发现这只美洲虎妈妈像猫那样"清洗"它的孩子，用舌头舔遍小美洲虎的全身。一位热爱动物的女画家，也是动物园的常客，碰巧站在笼子旁，十分赞赏这位母亲对病儿的关爱之情。然而，安东尼却黯然地摇了摇头，然后转向我说："问你这位动物行为学专家一个问题，你觉得这位美洲虎母亲此刻心里到底有什么想法？"我立刻就领悟了他的言外之意。这位母虎的舔舐动作有种莫名的紧张和焦躁，还有些许的吮吸倾向。我两次发现母虎将鼻子推到幼虎的腹下，并将舌头顶向幼虎肚脐。因此，我回答说，"育雏反应和吞食幼子的冲动之间已经开始产生矛盾"。这位善良的女画家并不想相信，但我的朋友却点头认可我的想法。不幸的是，结果确实如我所料。第二天早上，小美洲虎已经消失得无影无踪，它被妈妈吃掉了。

当我看着姗塔舔这只小澳洲野犬的方式时，上述情景全部浮现在我的脑海中，我的猜测果然没错。几分钟后，它将鼻子放到小狗的腹下，将小狗翻了个身。然后，它开始仔细地舔小狗的肚脐周围，不久之后，它用门牙咬住小狗腹部的皮肤。这只小澳洲野犬疼得大声叫唤，哭声惨烈。姗塔又一次惊骇地跳开，好像突然意识到它正在伤害这个小不点儿。显然，姗塔的育雏反应和小狗的痛苦叫声所引起的怜悯之心再一次处于支配地位。它接下来的举动表明它希望将小狗带回窝中。但当它张嘴准备衔住小狗时，再一次闻到了那奇怪、陌生的气味。于是，它又开始匆忙地舔起小狗，动作比先前更加剧烈，然后牙齿又一次咬到小狗腹部的皮肤。小狗发出了痛苦的叫声，这只母狗再次吓得缩了回来。片刻之后，姗塔第三次靠近小狗，这一次它的动作更加匆忙，舔舐的动作更加狂乱，心里摇摆不定：到底要把这个孤儿带回窝中，还是干脆吞掉这只讨厌的、味道奇怪且又丑又小的家伙呢？显然，姗塔的内心备受煎熬，突然，它被这种矛盾下的压力压垮了，坐在这只小澳洲野犬前，鼻子朝向天空，发出了狼嚎般的声音，发泄着心中的烦闷。在此关头，我将这只澳洲小野犬和姗塔的孩子们一起放入了厨灶附近的狭窄盒子中。把它们留在那里约几个小时，以便它们能彼此交融对方的气味。翌日早晨，当我将它们送还给母狗时，它虽然怀疑却依然非常兴奋地接纳了它们。姗塔将它们有条不紊地送进狗窝里，小澳洲野犬既不是第一个，也不是最后一个。但不久之后，姗塔还是认出了这个新成员，尽管没有把它驱逐出去，但有一天，它狠狠地咬了小野狗的耳朵，以至于小狗的耳朵无法恢复到原来的形状，从此之后一直垂向一边。

第十三章

狗不会说话，但它什么都明白

通常情况下，狗的独立性越强，学习和自由创造的表达方式越多，它们保留该物种野生形式的特有动作就会越少。因此，家养化过程越高的狗，其行为表达就越自由，适应性就越强，当然在这里智力也是非常重要的因素。在一定情况下，更靠近野生形式且特别聪明的狗，比那些野性本能少且稍微迟钝的狗，更能创造出精彩复杂的表达情感的行为举止。本能的退化只是开启了智慧之门，而并非是智力的退化。

他的天性，是如此的敏感，

受柯利犬的欢乐和悲伤感染，

也会为之高兴或悲伤！

——威廉·沃森（William Watson）①

　　认为家畜不如它们野生祖先聪明的想法其实是错误的。在许多情况下，家畜的感觉的确有些迟钝，它们的一些本能反应也不如以前野生环境中那么灵敏，千万不要轻视这些退化，正因为如此，人类才得以优于动物。动物本能行为以及支配动物行为的固定模式的钝化，是其发展的先决条

① 威廉·沃森（1715~1787），英格兰科学家、医生。——编者注

件，这尤其体现在人类对于自由的问题上。对家畜而言也是如此，各种天生行为反应的退化并没有削弱理性行为的能力，而是意味着一个新的程度上的自由。C·O·惠特曼（C.O.Whitman）最先懂得了上述道理并开始从事相关研究，他在1898年指出："动物本能上的这些退化并不是其自身智力上的退化，而是开启的一扇门，通过这扇门可以获得新的经验，从而产生智力上的另一个飞越。"

表达方式和其引起的社会反映属于物种本能性和遗传性的行为模式。社会性动物，如寒鸦、灰雁和犬科动物，它们彼此"心照不宣"的所有事情专属于该物种的本能行为和规范行为。R·申克尔（R.Schenkel）最近调查了狼的表达方式并分析了其中的含义。如果我们将狼与家犬用来进行社会交往的信号——"语言"进行比较，会发现后者的信号语言和许多本能的行为模式一样，已经发生了退化。因为狼的社会结构已经高度发达，所以它们的语言信号和本能行为肯定比豺的更清楚。除了尾巴运动和尾巴位置传达的信号之外，在松狮犬等拥有狼血统的狗身上，可以看到狼的所有表达形式。从身体构造上来说，尾巴卷曲的松狮犬根本无法做出尾部运动，然而，它的子孙却继承了狼特有的用尾巴发出信号的天性。我所有的混血狗，都继承了德国牧羊犬正常的"野生形式"的尾巴，能够做出狼特有的尾部运动，而这在纯种的德国牧羊犬和其他或多或少拥有豺血统的狗身上，从未看到过。

　　在天生的表达方式中，例如面部肌肉活动以及身体和尾巴的姿势等方面，我饲养的狗当中有些比欧洲的狗更接近狼，但是，仍无法和狼相提并论。在面部表情的表达能力上，我的狗比大多数狗都强，但仍不及野生的物种。在经验丰富的豺狗爱好者看来，我的这种说法似乎十分荒谬，因为他们想到的是表达的一般能力，而我所说的则是狗的本能运动。之前曾提到的本能的衰退为"自由创造"新的行为模式提供了可能性，这点在表达能力上非常明显。松狮犬的表达方式几乎和狼一样，但这些行为仅限于野生动物互相表达生气、顺从和欢喜等情感时采用的动作，而且动作也十分不明显，因为它们已经习惯了同种野生动物的极其细微的反应机制。相比之下，人类已经基本上丧失了这些反应，粗糙易懂的语言成了最常用的交流方式。人类有了语言的能力，所以无须从同伴的眼中窥探他们细微的情绪变化。在大多数人看来，野生动物的表情有一定的限制，但事实正好相反。与豺狗相比，松狮犬十分高深莫测，就像大多数欧洲人无法理解东亚人的表情一样。只有经验丰富的人才能够发现狼和松狮犬隐藏的表情，就像他们能从豺狗那多变的面部表情中看出端倪一样。然而，豺狗的智力水平较高，它们的表达形式很大程度上不再受先天的影响，几乎是依赖于后天的学习和养成。狗会通过把头放在主人的膝盖上来表达喜爱之情，这并非由固有的本能驱使，而这种行为比野生动物彼此"对话"时的任何表情都更接近于我们人类的语言。

与说话能力更密切相关的是利用学到的行为来表达情感，例如伸出爪子等动作。许多学会这个动作的狗会在一定的环境条件下对主人做这个动作，比如为了安抚主人或求得主人的原谅。狗一旦犯了错，会慢慢地爬向主人，坐在主人面前，耳朵朝后下垂，露出极其"谦卑的表情"，颤颤巍巍地伸出爪子，想必人人都见过这个场景。我认识的一条贵宾犬甚至对其他的狗也做过这个动作，但这绝对是例外，因为和它们的同类"说话"时，即使那些学会了许多表达方式的狗，也只会使用野生的表达方式沟通。通常情况下，狗的独立性越强，学习和自由创造的表达方式越多，它们保留该物种野生形式的特有动作就会越少。因此，家养化程度越高的狗，其行为表达就越自由，适应性就越强，当然在这里个体智力也是非常重要的因素。在一定情况下，更靠近野生形式且特别聪明的狗，比那些野性本能少且稍微迟钝的狗，更能创造出精彩复杂的表达情感的行为举止。本能的退化只是开启了智慧之门，而并非是智力的退化。

之前所述的狗向人类表达情感的能力，更适用于狗对人类的姿态和语言的理解能力。我们认为那些和完全野生的狗最先确定社会关系的猎人，应该比如今的城镇居民更了解狗的表达方式，在某种程度上，这也是他们职业训练的一部分。石器时代的猎人若无法区分熊是否愤怒，则是个十足的笨蛋，而人类的这种能力并非天生，这是不断学习的结果。同样，狗要想理解人类的表达和语言，也需要不断地学习。动物理解表达方式和声音的天生能力仅限于相关的种类之间，考虑到这点，狗对人类情感表达的理解程度几乎是一个奇迹了。

尽管我个人十分喜欢狼狗，尤其是松狮犬，但我毫不怀疑，家养程度更高的豺狗更能理解主人的情感。我的德国牧羊犬提托在这方面，远远强于它那些拥有狼血统的子孙，它可以领会我对某人的好恶。在我的混种狗中，我总是喜欢那些拥有了这种洞察力的狗。例如斯塔西，它对任何情况都会做出反应，它不仅在我头疼感冒时会表现出担忧，甚至在我心情低落时也会流露出关切之情。当我步伐不是十分稳健时，它会迈着比平时略显缓慢的步子小心地跟在我身后。每当我站着不动时，它都会不时地抬头凝望我，并把肩膀靠在我的膝盖旁。有趣的是，如果我酒醉，它也会有相同的反应，它对我的这个"疾病"十分不安，这在一定程度上阻止我染上嗜酒的恶习。由于拥有德国牧羊犬血统的关系，我的狗在理解力和表达力上都很强，但毫无疑问的是，家养程度更高的豺狗在这方面的能力更胜一筹。在我熟知的犬科动物中，排在首位的无疑是因聪明而著称的贵宾犬，其次是德国牧羊犬、平斯彻犬和巨型雪纳瑞（Schuauzer）。但就我个人喜好来说，这些狗已经过多失去了野兽的本性。由于它们非常的"人性化"，反而失去了拥有野性的"狼"的天然魅力。

有些人认为狗只能理解人说话的音调，而对发音和内容则并不理解，其实这种观点是错误的。著名的动物心理学家萨里斯利用3只德国牧羊犬（分别叫哈里斯、阿里斯和帕里斯）证实了上述观点是错误的。当主人命令说"哈里斯（阿里斯，帕里斯），回到你的篮子里去"只有被点名的那只狗才会起身，虽万般不乐意但仍顺从地回到窝中。当主人从另一个房间发出命令时，狗仍然会忠诚地执行命令，这就避免了主人说话时无意间传达的肢体或表情信号。我有时会想，那些和主人十分亲密的机灵狗，对语言的识别能力甚至扩展到了整个句子。每当我说"我得出去走走"这句话时，提托和斯塔西便会立刻站起来，即使我十分小心语气中不带任何特殊的语调，它们仍会做出反应。可是如果它们感觉情况异常，即使我说出相同的话，它们也不会有任何反应。

在我熟知的狗当中，最能理解人类语言的是一只巨型雪纳瑞犬——阿菲。它的主人是一位我十分信赖的朋友。这只喜欢玩乐的狗对"卡粹、斯巴粹、纳粹和艾克卡粹"等动物的昵称有不同的反应（分别是小猫，麻雀，刺猬和松鼠的昵称。"纳粹"没有任何政治含义，只是宠物刺猬的名字）。这只狗的主人当时并不知道萨里斯的实验，却得到了几乎和实验一样的结果。每当听到主人喊"卡粹"时，阿菲便会立刻竖起颈部的毛，非常兴奋地在地上嗅来嗅去，表明了它对这只可能会抵抗的猎物的期待之情。当主人叫斯巴粹的时候，它只是一动不动地用厌恶的表情盯着麻雀，因为它在幼年的时候追过麻雀，所以长大后它意识到想要完成这项任务根本毫无希望可言。阿菲十分讨厌这只叫纳粹的刺猬，尽管它从未将之视作一个独立的个体，但只要一听到它的名字，它就会飞奔到另一只刺猬生活的垃圾堆处，在落叶中搜寻，并因对这些多刺动物毫无办法而发出无助的愤怒声。即使旁边没有刺猬，但只要听到这个名字，阿菲也会明确地发出声调极高的狂吠声。如果听到"艾克卡粹"，阿菲便会满怀期待地抬起头四处张望，如果没看到松鼠，它就来回地在树下寻找。尽管和大多数狗一样，阿菲的嗅觉很好，但它的视力却不好，所以很难找到小松鼠。阿菲确实比其他狗聪明得多，它能理解手势信号，甚至能至少记住9个人的名字，只要喊出他们的名字，它便会跑向那人的房间，而且从未出过错。

埋头于实验室里的动物心理学家如果认为这难以置信，那么不妨听听这个事实：在密闭的实验空间里的动物，比那些总是伴随主人的动物，缺少区分本质差异的实践经验。以狗而言，将某一特定词汇和引不起兴趣的训练技能结合起来，远比将一个单词和上述提到的有刺激性的猎物联系起来困难得多。因为缺乏必要的兴趣，实验室中的狗很难掌握辨别语言内容的能力。动物心理学上的"价值"并不是体现在足够的量中，而在于"质"中。养狗者熟悉狗的一些特定行为的过程，在实验室中是无法产生的。即使不用特别的声调，不用提及狗的名字，只要主人说"我不知道该不该带它出去"，狗就会立刻出现在主人眼前，摇摆尾巴，兴奋地舞动着，因为它已经嗅出散步的信息。如果主人说："我现在应该带它出去。"狗就会顺从地起身；如果主人说："我就决定不带它出去。"那么原本因期待而竖起的耳朵也会因失望而难过地垂下，但狗仍会满含着期待的眼神盯着主人。当主人最终宣布"我会将它留在家中"时，狗会沮丧地转身离开，然后再次躺下来。想象一下，要想在实验室这种人为的环境下产生类似的实验效果，得需要多么复杂的实验方法和烦琐的训练啊！

遗憾的是，我从未和任何大型类人猿产生过真正的友谊。但海斯夫人却拥有这种经验，这表明了人类和类人猿之间也可能会出现非常亲密的社会联系。这种亲密接触，如果是具有鉴别力且经验丰富的科学家和动物之间由于相互喜欢而产生的情感，那么就可能是对这种动物情感能力最好的实验。尽管将狗和类人猿比较不太合适，但我个人认为狗比类人猿更能理解人类的语言，尽管类人猿在其他智力方面优于狗。但在某些方面，狗比最聪明的猴子还显露出"人性化"元素。和人类一样，狗也是一种家养动物，和人类一样，狗的家畜化源自两种先天的属性：第一是从本能行为的固定模式中解放出来，从此开启新的行为方式的大门；第二是持久的青春活力，这对狗来说，是其终其一生追求情感寄托的动力；但对于人类来说，这种活力可以使人类即使在晚年也依然有开明的思想，正如华兹华斯（Words Worth）[1]所说：

> 我在孩提时代就是这样，
>
> 现在长大了，依然如斯，
>
> 当我走向垂暮，依然如斯，
>
> 除非我死去！

[1] 华兹华斯（1770~1850），英国著名浪漫主义诗人。——编者注

第十四章

情感的要求

　　这个故事让我想到了老是吹嘘自己的狗是多么英勇或者资质多么好的人，我通常会问他是不是现在还养着这条狗。他们的回答多是"没有啦，我不得不放弃，因为我要搬到另一个城市去，我的新家太小啦；我换了工作，养狗不太方便"。更让我惊讶的是，许多道德健全的人并不为此感到羞愧。动物的权利不仅被法律条文剥夺了，也被更多人的无情、迟钝践踏了。

你知道我心里仍然那般执着，

她宁死也不愿让你遭受灾难。

难道你不答应这友爱的请求，

伸出手来扶我走下暝色之山？

——托马斯·哈代（Thomas Hardy）[1]

　　我曾经有一本十分有趣的小说，书中收录了一些疯狂的故事，书名叫《雪靴艾尔的睡前故事》。这本书看似荒诞可笑，实则隐含了尖锐的甚至有些无情的讽刺，这也是美国式的幽默特点之一，想必欧洲人不能轻易理解。在故事中，

---

[1]　托马斯·哈代（1840～1928），英国诗人，小说家。——编者注

雪靴艾尔用浪漫主义的夸张情感叙述了好友的英勇行为。文中采用了美国西部的浪漫主义写作手法,以幽默的文风描写了主人公们惊人的勇气、夸张的男子气概以及完全的利他主义情怀。故事的多个高潮部分是主人公从狼、灰熊、饥寒交迫中救出好友的场景描写。文章以简单的陈述结尾:"这时,他(好友)的脚已严重冻伤,所以很遗憾我不得不朝他开枪。"这个故事让我想到了老是吹嘘自己的狗是多么英勇或者资质多么好的人,我通常会问他是不是现在还养着这条狗。他们的回答多是"没有啦,我不得不放弃,因为我要搬到另一个城市去,我的新家太小啦;我换了工作,养狗不太方便"或者充斥着其他一些类似的借口。更让我惊讶的是,许多道德健全的人并不为此感到羞愧,他们并没有意识到自己的行为和雪靴艾尔的故事中讽刺的自我主义没有什么区别。动物的权利不仅被法律条文剥夺了,也被许多人的无情、迟钝践踏了。

狗的真诚是人类极其珍贵的礼物,狗与人类间的友谊无须道德责任的束缚。任何希望得到狗的友情的人都需要知道:人和忠诚的狗的友谊是这个世界上最永恒的一种关系。当然,我必须承认狗的爱有时真的让人招架不住,我曾在一次滑雪旅行中遇到了一只叫赫斯曼的汉诺威猎犬,它让我领教到被狗深深"爱恋"上的滋味。它那时差不多一岁大,是一只典型的流浪狗，因为他的主人林务官只喜欢那条老德国枪猎犬，根本无暇理会这只没有猎犬资质的"笨家伙"。赫斯曼温和且敏感，对主人心存些许畏惧，这表明这位林务官训练狗的能力着实不怎么样。从另一方面说，一开始，我也确实没有发现这只狗有任何讨喜之处。我们到达的第二天，它就开始时刻跟着我们，我原以为它是一个谄媚的家伙，但事实证明我错了，它只是静静地跟着我。一天早晨，我发现它睡在我卧室门外，于是我开始改变了对它的第一印象，甚至怀疑这只狗对我的"爱慕之情"已经开始萌出新芽。我离开的那天，这只狗不愿意收回对我的忠诚和热爱，我试着抓住它，想把它关起来以防它跟着我们，但它拒绝靠近我。它的尾巴夹在两腿之间，因惊愕而颤抖不已，站在一个它认为安全的位置，它的眼睛好像在说："我愿意为您做任何事，但绝不离开您！"我最终还是妥协了："林务官，您的这只狗多少钱？"在这位林务官眼里，这只狗的行为完全是个逃兵，他毫不犹豫地答道："10先令。"他的话听起来像在咒骂，同时又有别的含义，在他反悔前，我已经把10先令塞到他手里，然后带着这只狗一起离开了。我知道赫尔曼会跟着我们，但我原认为它会受良心的谴责而在远处偷偷地跟着我们，但事实证明我的想法完全错误。它像炮弹一样，从旁边猛地朝我冲了过来，我被它撞倒在结冰的地面上。作为优秀的滑雪者，我具有良好的平衡力，但还是禁不住这只极其兴奋的大狗。我完全低估了它对所处情况的理解力，而此时赫尔曼，正在我倒下的身体旁欢乐地舞蹈着。

我总是非常认真地承担忠诚的狗给我的责任，同时也为自己曾经冒着生命危险，救了一只掉进多瑙河中的狗而骄傲。记得当时的气温只有零下28摄氏度，这只狗是我的德国牧羊犬——宾戈，它沿着结冰的河边慢跑，不小心掉进了水中。它的爪子无法抓紧冰面，所以自己爬不出来。在多次尝试爬出这个陡峭的河岸的过程中，它变得精疲力竭，游泳姿势越来越僵硬，眼看就要溺死了。因此，我跑到前方几米外的下游处，匍匐爬行到冰面的边缘处，当宾戈来到我能够到的地方，我连忙抓住它的脖子，猛地将它拉向我，冰面因无法承受我们俩的体重而裂开，我瞬间滑入冰冷的水中。而这只狗则和我不同，它头朝向岸边，慢慢地游到了坚固的冰面上。此刻，情形完全颠倒过来，宾戈担忧地在冰面上跑来跑去，而我则被水流冲到下游处。最终，因为人类的手比狗爪更容易抓住光滑的冰面，所以我靠着自己的臂力逃过了此劫。

当我们判断两个人的友情价值时，通常以他们中的哪个人能不求回报地做出更大的牺牲为标准。而看似冷酷的尼采曾说过这样美丽的一句话："一定要付出更多的爱，绝不能落于他人之后。"和人类相处时，我经常能履行这个承诺，但和一只真正忠诚的狗相处时，我通常不如狗付出得多。多么奇怪但又独特的社会关系啊！你从来没有想过这是一种多么非凡的友谊吗？人类，天生具有理性和道德责任感，并极其信奉兄弟之爱，但在这方面，却不如狗这种动物。我这么说并不是沉浸于感伤的拟人化情绪。即使是人类高贵的爱情，也不是源于人类特有的理性的道德观，而是源于由来已久的更深层的本能情感。最高尚最无私的情感，如果不是源自本能，而是源自理性的话，就会失去其全部的价值。英国女诗人伊丽莎白·白朗宁（Elizabeth Browning）曾说过："如果你爱我，就不要有任何理由，只是为爱而爱。"

即使在今天，无论人类的理性和道德观念优于动物多少，人类的内心仍和那些高等的社会性动物一样。不可否认的是，我的狗爱我胜过我爱它，这一点常常让我感到羞愧。我的狗会时刻为我奉献生命。如果狮子或者老虎袭击我，阿里、布利、提托、斯塔西和我其他的狗，为了保护我的生命，会毫不犹豫地投身到这毫无胜算的战斗中。那么，我能否为它们这样做呢？

第十五章

三伏天

　　动物天堂是缓解神经紧张的灵丹妙药，使现代人那纷繁杂乱的心得到净化，同时治愈他们身体上的诸多疼痛。当我回归到这种不用思考的"天堂"中，即使身心得不到治愈，动物的陪伴也会让我得到释放。这就是为什么我总是需要忠诚的狗来陪伴的根本原因。

那绝妙的水的气味，

还有那石头的勇敢气息。

——《奎德勒之歌》，吉尔伯特·基思·

切斯特顿（G. K. Chesterton）[1]

我不知道"三伏天"（Dog Days）这个词是怎么来的。
我觉得应该是源自天狼星，但从词源角度考虑，源自德国北
部的"酸黄瓜期"（德国谚语，源自18世纪，原指青黄不接
时期）可能更恰当些。但就我个人而言，我觉得这个词用得
再恰当不过了，因为这段时间，我习惯和狗待在一起。每当

---

[1]　吉尔伯特·基思·切斯特顿(1874~1936)，英国作家。——编者注

夏天快要结束的时候，我就对脑力劳动十分厌烦，各种应酬和故作优雅的行为快要把我逼疯了，一看到打字机就头疼。当这些情绪一股脑地压向我时，我愿意和狗待上一段时间，脱离俗世。之所以选择狗是因为没有哪个懒散人，能陪伴如此心境下的我。我具有某种天赋，能在极度满足的状态下，完全关掉思考能力，这也是维持心如止水的首要条件。在炎热的夏天，当我像沼泽中的鳄鱼那样畅游在多瑙河中时，这里没有任何人类文明迹象的景致。而这经常会让我达到东方圣贤所说的"无我的"最高境界。不用入睡，我的中枢神经就能融入到这陌生的环境中，实现人与自然的融合。在这种境界中，我的思想已经静止不动，时间也没有任何意义。我经常忘记时间，直到太阳西沉，傍晚的寒冷让我意识到我该往回游，当我爬上泥泞的河岸，我都不知道过了多长时间。

动物天堂是缓解神经紧张的灵丹妙药，使现代人那纷繁杂乱的心得到净化，同时治愈他们身体上的诸多疼痛。当我回归到这种不用思考的"天堂"中，即使身心不能得到治愈，动物的陪伴也会让我得到释放。这就是为什么我总是需要忠诚的狗来陪伴的根本原因。当然，我的狗最好保有野性的外表，不要因为华丽的装扮而糟蹋了这美丽的风景。

昨天拂晓时分，我因为天气十分炎热而无法从事任何脑力工作，于是，这又是一个天赐的"多瑙河之日"。我离开家门时随身带着用来装饵料的渔网和玻璃瓶，每次多瑙河之行，我总会为我的鱼儿带回些食物。在苏西眼中，这一切也和往常一样意味着美好一天的到来，它非常确信我是专门为它才进行远足的，当然它想的也并非完全不对。它知道我不仅会允许它跟随左右，而且十分看重它的陪伴。然而，它虽然十分确信我不会扔下它，但仍然紧紧地跟着我来到院子门口。接着，骄傲地竖起毛茸茸的尾巴，在我之前走到街上去，它那舞蹈般跳跃的步伐，似乎向村里的其他狗炫耀着即使没有沃尔夫的陪伴，它也不畏惧任何人。苏西经常和村里杂货店家的那只长得非常难看的混种狗调情（我希望杂货店老板永远不要看这本书）。沃尔夫非常厌恶这只狗，但苏西却对这只难看的家伙青睐有加。但今天，苏西可没工夫理它，当它想要和苏西玩耍时，苏西皱起了鼻子，朝它露出了锃亮的獠牙，像往常一样，它一边小跑，一边朝着各家篱笆后它的各种"敌人"咆哮。

村里的道路还十分的幽暗，我赤脚踩在上面会觉得冰凉，走过铁路桥，通往河边的小路上堆积着厚厚的泥土，赤脚走在上面，仿佛泥土正在温柔地抚摸我的脚趾，前方土地上留下了苏西跑过的脚印，清新的空气中不时地卷起一阵尘土。蟋蟀和蝉正欢快地鸣叫着，河堤附近，黄莺和黑头翡翠也正在歌唱，谢天谢地它们还没有因炎热停止歌唱。我们路过一片刚刚被修整过的草地，苏西离开了小路走进这片特别的"捕鼠"地。它的步伐开始变得小心翼翼，头也高高扬起，兴奋之情溢于言表，尾巴向后方低垂着，眼看就要落到地面了，这时的它看起来仿佛是一只肥胖的蓝色北极狐。突然，它像弹簧一样弹了出去，在前方两米处呈半圆状跳起1米多高，随后，它的前爪紧紧靠拢，直直向前伸出，稳稳落地。接着，像闪电般蹿进矮草丛中，啃咬了数次，一面用鼻子拱着地面，一面发出深沉的鼻息声，然后抬起头疑惑地望向我，尾巴不停地摇摆着，这次老鼠逃跑了。苏西越挫越勇，依旧蹑手蹑脚地前进，尽管4次扑向草丛中，但一无所获，我并不觉得奇怪，因为田鼠的速度十分惊人且身手异常敏捷。突然间，这只小松狮母狗像橡皮球一样冲向空中，当它着地时，我听见了一声尖锐的、痛苦的吱吱声。然后，它又咬了一下，因为动作过于剧烈，嘴里咬的东西掉了下来，接着一只灰色的小东西蹿了出去，在空中划下了一个半圆，苏西紧随其后，在空中划下了一个更大的半圆。经过了多次扑咬，苏西用卷起的嘴唇和门齿，抓住了这只正在草丛中吱吱乱叫、拼命挣扎的家伙。然后它转向我，向我炫耀起它捕获的这只又大又肥且身体扭曲的田鼠。我大大地赞扬了它一番，称它是最令人敬佩的猎手。我很同情这只田鼠的遭遇，但我毕竟和它不熟，且苏西是我的知心朋友，所以，它的胜利喜悦我愿意分享。当它吃掉田鼠时，我的良心因为以上理由也能过得去，当然这也成为它杀戮行为合法化的唯一辩白了。一开始它只是用牙齿轻轻地啃咬，虽然形状扭曲，但田鼠仍然是完整的，然后，它将田鼠放到嘴里，开始狼吞虎咽，最终全部吞入腹中。此刻，它的捕鼠行动已经完成，于是暗示我该继续前进了。

沿着小径抵达河边，我脱掉身上的衣服，把衣服和渔具都藏了起来。这条小路连着从前马拉驳船的旧路，向河流上游延伸。如今，这条昔日的小路已经杂草丛生，只留下一个狭窄的小径，小径穿过茂密的森林，那里长有秋麒麟草和烦人的苘麻、黑莓灌木丛，我不得不用双臂护着身体，防止被这些带刺的植被扎到。这片茂盛植被中的潮湿热气令人难以忍受，苏西气喘吁吁地跟在我身后，对可能藏在灌木丛中的猎物也提不起兴趣。我早已汗流浃背，更何况披着厚厚皮毛的苏西，对此我十分同情。好不容易我们到达了目的地，我决定从此处开始下河。现在河水水位仍然很低，宽阔的河岸一直延伸到河流中间。在这布满石头的河岸上，我步履艰难，而苏西却欢快地跑到我的前头，然后跳进及胸的水中，它漂在水中，仅露出脑袋，仿佛一个奇怪的小点漂浮在这广阔的河面中。

等我下水之后，苏西紧紧地跟在我身后，并小声嘀咕着。它从来没有穿过多瑙河，河的宽度着实让它心里打鼓。我对它稍加安慰，又继续向水中走去，当水深刚及我的膝盖时，它已经不得不开始游泳，但水流却把它冲到了下游。为了追上它，我也开始游，尽管水位对我来说还很浅，但为了抚平它的不安我此刻和它同速前进，而它也开始稳稳地在我身旁游起来。能在主人身旁游泳的狗是十分聪明的，因为许多狗不理解为什么在水中人类就不像平时那样站立，所以经常会产生不愉快的结果，有的狗为了靠近主人露在水面上的头，会用划水的爪子狠狠地抓主人的后背。

但苏西很快就明白人游泳时是水平的，所以它小心地避免离我的后背太近。这宽阔的水面和湍急的水流让苏西十分紧张，它尽可能地靠近我身旁。此刻，苏西的忧虑开始越来越多，以至于它从水中站了起来，回头去看我们来时的河岸。我担心它会沿路返回，但幸好它逐渐平静了下来，安静地在我身旁游着。不久之后，又出现了一个难题：因为苏西过于兴奋，所以想尽快地穿过这条大河，它的速度很快，这让我很难追上。为了赶上它，我累得气喘吁吁，但它总是一次次超过我，每当它发现自己超过我几米时，总是会掉头游回我的身边。但这过程中其实存在着潜在的危险，返回的视线正好让它看到我们来时的岸边，这样一来它就想离开我，沿路返回去，因为对于一只处在恐惧中的动物来说，回家的方向比任何东西都更有吸引力。不管怎样，在游泳时改变路线对狗来说十分困难，当我成功引导它继续朝前方前进后，我才放下心来。为了跟上它，我拼劲了全力，每每当它想返回去的时候，我总是鼓励它继续前进。它能明白我的鼓励，这点又再次证明苏西比一般的狗聪明许多。

随后，我们来到了一片比来时陡峭许多的山地。苏西在我前面几米处爬出水面，在干燥的地面上走了几步后，我发现它的身体明显地来回晃了几下。这种轻微的失衡现象几秒就过去了，我自己在长时间游泳后也会这样，许多游泳者也深有体会，但我却无法找到一个生理学上的完美解释。尽管我曾多次在狗身上见过这种情况，但却从未见过像苏西这么明显的。这跟劳累过度毫无关系，因为苏西立刻向我表达了它征服这个溪流的喜悦，它狂喜万分，在我周围绕着小圈，最后叼来一根树枝，希望我能陪它玩扔树枝的游戏，我欣然接受。玩够了游戏后，它飞快地冲向一直站在岸边约50米处的鹬鸰，这并不是说它天真地认为现在就能抓到这只鸟，而是因为它知道鹬鸰喜欢沿着河岸飞行，一段时间后，又会停在岸边，而那时才是捕猎的最佳时期。

我很高兴我的这位小朋友能如此愉快，这意味着它能经常陪我来这完成横穿多瑙河的旅程，这对我意义重大。为此，我打算好好奖赏它的第一次渡河之旅，而最好的礼物，莫过于带它到河岸边的原始荒地上散散步。和动物朋友在一起，漫游在这茫茫原野上，会收获良多，尤其是动物随心随性时更是如此。

我们沿着河岸向上游走去，走到河流下端的回水处，这里水位很高且水质干净。继续前行，河流被分割成许多小水池，越往前，水越浅。这些回水形成了一种十分奇特的热带风貌。堤岸地势骤降，十分陡峭，几乎与水面垂直相连，周围长满了茂盛的植被，高高的杨柳、白杨和橡树形成了天然的植物园，紧紧环绕堤岸。翠鸟和黄莺是这片风景中的居民，它们都是群居动物，大多数属于热带居民。水中生长着茂密的沼泽植被，潮湿的热气笼罩着这片极美的丛林景观，只有赤身泡在水里的人才能领略这种在热带地区才有的湿热。不可否认的是，疟蚊和大量牛虻也增加了这里的热带氛围。

回水淤泥处的广阔地带上随处可见河边居民的脚印，仿佛是镶嵌在黑色石膏上一样，在下次降雨或满潮前，如同印在干硬泥土上的名片。谁说多瑙河畔没有牡鹿的踪迹！根据印迹来看，这里一定有许多大型动物出没，虽然就算是在发情时期也很难听到它们的叫声。上一次战争在这片土地上留下的伤害仍在，所以这里的动物已经变得草木皆兵，小心翼翼。狐狸、鹿、麝香鼠和一些较小的啮齿动物，以及无数的矶鹬、林鹬和金眶鸻，用它们留下的脚印装饰着这片泥地。

如果这些足迹让我都很感兴趣，那么可想而知，我的小松狮犬会多么兴奋！苏西纵情于这美妙的气味盛宴，而嗅觉不灵敏的人类对此毫无感觉。牡鹿的脚印引不起苏西的兴趣，谢天谢地，它不是捕获大型猎物的猎手，而只是热衷于捕捉老鼠。

麝香鼠的气味很特殊，苏西兴奋得浑身颤抖，它的鼻子紧贴地面，尾巴倾斜伸向后上方，跟着这些啮齿动物来到它们的洞穴口，由于现在水位很低，水位下的洞穴都露出了水面。它将鼻子伸进洞中，贪婪地闻着美妙的猎物气味，它甚至开始挖洞，尽管毫无希望，但我不想破坏它的兴致。我平趴在这温暖的浅水中，让阳光直射到后背上，不着急继续往前游。最终，苏西转向我，小脸上全是泥巴，摇摆着尾巴喘着粗气向我走来，长叹一声后，进入水中躺在了我身旁。我们静静地在水中待了近一个小时，最终，还是苏西起身，催促我继续前进。

接着我们来到了上游回水处更干燥的地方，拐弯后，看到一个水池旁有一只大麝香鼠，由于我们逆风而上，它完全没有注意到我们的到来。这只巨大无比的麝香鼠是苏西梦寐以求的猎物。苏西和我像石像般立在那里，然后，苏西像一只变色龙般，悄悄地一步一步靠近这只美丽的猎物。它越来越接近，走到我和老鼠中间的时候，老鼠终于发现了苏西，吓得浑身颤抖。我觉得有机会抓住老鼠，它可能会跳进那布满石头的水池中，而那里完全没有出口，这只老鼠的巢穴离此处至少几米远，且在水位线上。但我确实低估了这只老鼠的智商，它看到苏西后，突然如闪电般迅速地蹿了出去，穿过淤泥，向河岸方向跑去。苏西也像出膛的炮弹一样紧随其后，它非常聪明，没有沿着直线直追，而是想改变方向将之截住。眼看苏西就要抓住老鼠时，后者却藏到了安全地带。如果苏西不是大声吠叫，而是集中全部精力追赶这只老鼠，完全有机会逮到它。

我猜想苏西这回会花上一会儿工夫在地上挖洞，所以我就欣然地躺在水池的泥巴中享受日光浴，但它只是在洞口处嗅了嗅，就失望地折了回来，和我一起躺在泥巴中。此时，我俩都觉得这是一天闲暇时光中的高潮时刻。金色的黄鹂正在鸣唱，青蛙呱呱直叫，大蜻蜓正闪动着光亮的翅膀，追赶那些讨厌的牛虻，预祝它们捕猎顺利吧！我们几乎整个下午都躺在水中，我此时比任何动物都更像动物，起码比我的狗要懒，仿佛一只懒洋洋的鳄鱼。苏西无聊极了，没什么事情可做，便开始追赶青蛙，这些青蛙见我们如此懒惰，变得越发大胆。它悄悄靠近最近的一只，想用它的绝技——"跳跃擒鼠手"杀死这只新猎物。但它的爪子在水中只溅起了水花，青蛙毫发无伤地逃跑了。苏西抖落脸上的水珠，环顾四周，去搜寻这只青蛙的踪迹。它以为自己发现了目标，其实那是池塘中央一株水生薄荷的圆尖却被苏西误以为是青蛙的头，二者实则一点也不像，但狗的视力极差，看错也可以理解。苏西盯着这个目标，头一会儿偏向左边，一会朝向右边，然后，慢慢地，慢慢地，走进水中，游向这株植物，张嘴咬住。它十分痛苦地环顾四周，想看看我有没有在嘲笑它的愚蠢，在反复思考后，终于游回岸边，躺在我身边。我问它："我们回家吗？"苏西立刻蹦了起来，用犬吠表达"是的"。我们穿过丛林，径直向河边走去。在阿尔腾贝格上游很远的地方，水流速度几乎每小时12公里。苏西不再害怕这宽阔的河水，它安静地在我旁边游着，随着水流漂浮。我们在藏放衣服和渔具的地点上岸，接着，匆忙地为家中的鱼儿抓了些美味的晚餐。黄昏时分，我们沿路返回家中，满足且幸福。路过那片有许多老鼠的草地时，运气很好的苏西，至少又抓住了3只肥硕的田鼠——这弥补了之前没抓到麝香鼠和青蛙的遗憾。

第十六章

动物的谎言

　　如果我骑车的路线不合斯塔西的心意，它马上就装瘸。早晨在去上班的路上，这只可怜的狗跛得十分厉害，几乎是在我的自行车后蹒跚前行，但一到下午，当我们全速行驶20公里去科泽尔海时，它甚至不会跟在车后边跑，而是沿着它十分熟悉的路线，在我车前飞快地跑着，周一的时候，又会再次装瘸。

欺骗是一种高智商的表现，对狗也是如此。毫无疑问，聪明的狗可以一定程度上掩饰真实的情感，在本章中，我将阐述一些我观察到的案例。

我的老布利对于别人的戏弄非常介意，在这方面，它对一些十分复杂的社会情境表现出了非凡的理解力。毫无疑问，聪明的狗能意识到自己的威严是否受到挑战或者遭到人类的嘲笑。如果因此被嘲笑的话，它们中的大多数会暴跳如雷或者十分沮丧。杰克·伦敦在他的小说《白牙》中，就描写了他亲眼目睹的这种行为。在我写这本书的时候，布利已经年迈，几乎什么都看不见，因此，它会经常无心地朝家里的成员吠叫，也包括我。我通常会故意忽略它的错误，不会因此责罚它，而它却因此十分尴尬且痛苦万分。有一天，它又做错了一件事，起初我认为它是无心的，但后来发现它其实是在演戏，即蓄意地歪曲事实。我刚刚打开院门，还没来得及关上门，这只狗就大声地吼叫并朝我冲过来，认出我后，它尴尬了一小会儿，接着从我腿边挤过去，匆忙地穿过打开的门，跑到马路上，继续朝着我邻居的门口大声地叫唤，仿佛他从一开始就是朝着这个敌人吠叫一样。第一次，我相信了它，觉得它刚刚那一瞬间的尴尬是我的错觉，是我自己看错了。我们的邻居确实有一条狗，这条狗也确实是布利的死对头，所以可能它的狂吠针对的是那只狗，而不是我。然而，之后的每天它都重复这个行为，这让我意识到，它只是在为自己的行为找个借口，以掩盖它意外地向自己的主人吠叫的事实。事实上，它认出我后的尴尬时间越来越短了。也可以说，它"说谎"越来越面不改色了。而如今，这只狗在认出我后，会从我身旁跑过去，停在一个什么东西都没有的地方吠叫，比如，空院子的角落里。其实只是站在那，疯狂地朝着墙壁吠叫掩饰之前对我吠叫的错误行为。

有人将这种行为归因于生理刺激，但毫无疑问，它的理解力也存在一部分问题，因为它利用相同的"谎言"应对完全不同的欺骗行为。和家中其他的狗一样，布利被禁止追逐家禽，即使我们养的母鸡偷吃它剩下的食物激怒它，它也不敢追逐它们，更确切地说，布利不敢承认自己正在追逐它们，只会愤怒地吠叫，冲到它们中间去，吓得它们四处乱窜，咕咕直叫。它不会去追逐或啃咬它们中任何一只，而是笔直地跑向同一个方向，一直朝那吠叫，就像它不经意的朝我乱叫之后一样。同样，它也是跑到一个什么都没有的空地，朝着空气吠叫。然而这次，它却不够聪明，没有找到一个特定的对象。

我养的母狗苏西在7个月大的时候，就掌握了这项诡计。它跳进母鸡中间，大声地吠叫，看到它们吓得四处乱飞，咕咕直叫后，会幸灾乐祸地冲到花园中，不停地吠叫，接着迅速地折回来，表情十分无辜，可它那夸张的姿态表明了它并非那么问心无愧，仿佛一个任性的小女孩。

母狗斯塔西的欺骗手段则完全不同。众所周知，很多狗不仅身体上敏感，而且还喜欢博得同情，能很快学会如何影响心肠很软的人，让他们对自己心生怜悯。在波兹南的一次自行车之旅中，斯塔西的左前爪肌腱由于过度劳累而发炎。因为它跛得非常厉害，我不得不放弃骑车，跟它步行走了一些日子。它恢复以后，我对此总是非常小心，如果发现它有疲劳的迹象或者走路有些跛的话，我就会立刻放慢骑车的速度。不久之后，它就发现了这一点，如果我骑车的路线不合它心意的话，它就马上装跛脚，尤其是我骑车从宿舍到军事医院上班时，它的表演成分就越发明显。因为它不得不在那儿守着我的自行车几个小时，所以它经常一瘸一拐地缓慢地走着，那可怜劲儿，让我经常受到路人的责备。但是，如果我们去陆军骑术学校参加越野自行车赛，它的疼痛状就立马消失了。它的这种欺骗在周六最为明显。早上在去上班的路上，这只可怜的狗跛得十分厉害，几乎是在我的自行车后蹒跚前行，但一到下午，当我们全速行驶20公里去科泽尔海时，它甚至不会跟在车后面跑，而是沿着它十分熟悉的路线，在我车前飞快地跑着，周一的时候，又会再次装瘸。

在这里我想讲两个有关猩猩的小故事，虽然和狗无关，但却与本章话题有些关联，因为它们都证明了最聪明的动物，不仅可以说谎，还能识破谎言。沃尔夫冈·苛勒教授所著的一本讲述黑猩猩智慧的书籍举世闻名。他曾经做过一个非常著名的实验，让一只聪明的年轻雄性黑猩猩去够悬挂在天花板上的一串香蕉，原本以为猩猩会将房屋角落里那个很轻的大箱子推到香蕉下面，踩着去够香蕉。但这只动物考虑了一下眼前形势，并没有去搬角落里的箱子，而是转身拉起了教授的手。黑猩猩吸引注意力的表现方式十分特殊，不是靠表情和点头，而是通过祈求的语调或拉手，让另一只黑猩猩或人类朋友知道自己想去的地方。利用这样的表情和手势，这只猩猩试图领着苛勒教授到房间的另一个角落处。教授满足了猩猩的迫切要求，因为他十分好奇猩猩究竟想让自己看什么。他并没有注意到自己已经被带到了香蕉的正下方，他一直没有明白黑猩猩的真正意图，直到它突然爬到教授的背上，把他当作一棵树一样，站在他的头上伸手一够，抓住了香蕉，然后迅速地逃之夭夭。猩猩解决问题的方法和他预期的不同，但却比教授所想的方法简单得多。

发生在我一个心理学家朋友和一只猩猩身上的故事与此极为相似。J·珀特勒是阿姆斯特丹动物园的园长，那只猩猩则是一只巨大的雄性苏门答腊猩猩，在成年后被抓获，住在一个高而宽敞的笼子中。为了让这种稍微懒惰的动物加强锻炼，珀特勒指示饲养员在笼子顶部挂些食物，猩猩为了吃到食物，就不得不进行攀登锻炼。

对于猩猩来说，让它们以这种方式模仿自然环境中的困难，逼迫它们进行一定数量的运动是十分必要的。也许，这种模仿自然环境中的"工作"所产生的心理效应比身体健康重要得多。当笼子需要清洗时，饲养员也可以利用动物爬到笼子顶部取食物的这个时间段进行打扫。但是有一次，这个活动差点造成严重的后果，好在珀特勒头脑反应迅速。

当饲养员正在清洁地板时，这只猩猩忽然顺着笼子的栏杆滑了下来，滑动门还没来得及锁上，这只大家伙已经将手伸到笼子门和栏杆中间。尽管珀特勒和这位饲养员使出全力试图将门关上，但这只猩猩却慢慢地、一点点地将门推开。眼看这只动物快逃出来了，珀特勒灵机一动，想出了一个好主意，我想只有动物心理学的大师才能想出如此绝妙的点子。他突然将门全部打开，大喊一声，向后跳去，然后像受到惊吓似的，死死地盯着猩猩身后的某处。这只动物立刻转身去看究竟发生了什么，就在这一瞬间，门"砰"的一声关上了。几秒钟过去后，猩猩才发现自己被骗了。但如果猩猩意识到自己被骗之后，门没完全关上的话，那么愤怒绝对会使它将这个人撕成碎片。毫无疑问，它明白了自己是这个"谎言"的受害者。

第十七章

有良心的动物

在人类语言的最高意识上，真正的道德标准是以动物没有的精神能力为前提的。相反，如果没有一定的感情基础，人类的责任也无从谈起。即使是人类的道德意识，也根植于内心深处的本能"层面"上，所以即使按"层面"上的理性做事也未必不会受到惩罚。当伦理标准充分地为某一行为辩护时，内心的本能情感却可能在反抗，这时，如果一味地听从理性，忽视感性的话，人类便会十分痛苦。

你把一颗负罪的良心拿去作为你辛劳的报酬吧!

——《理查二世》，莎士比亚

　　在历史的发展过程中，动物的持续发展始终受到其居住环境的影响，而野生动物生活的"天堂"，其实是人类早已失去的。野生动物流露出的每一个意愿都是"善意的"，也就是说，它们发自内心的所有本能活动最终都是有益于特定动物或者其种群的发展的。对于自然状态下的野生动物来说，自然流露出的喜好和它们"应该"做的事情之间没有冲突，在这种状态下的生活方式其实就是人类已经失去的"天堂"。人类高度的精神文明成果就是文化发展，尤其是语言的力量和抽象思维的能力，还有就是对常识的积累和传承。

所有这些使得人类在历史中的演变速度比其他生物单纯的器官发展迅速得多。但人类的本能和先天的行为反应却影响人类器官的缓慢发展，使其无法与人类文化的发展并驾齐驱。

当"自然喜好"已经不再适合人类文化的条件时，人类文化已经基本取代了人类智力所产生的作用。尽管并非人性本恶，但也没有好到符合文明社会的要求。与野生动物不同，有文化的人类（这里所有的人类都是有文化的），不再盲目地凭本能行事，因为大多数的本能显然和社会要求对立，所以那些最纯真、最善良的人也必须意识到自己是反文化、反社会的。

动物会无限制地依从本能行事，因为这满足个体和物种的利益。但对人类来说，这种本能却是毁灭性的，因为本能与人类应该且必须遵循的其他冲动一样，有着相同的诉求，所以十分危险。因此，在意识思维的帮助下，人类不得不检验每种冲动，不断问自己如果屈服于这种冲动，是否会损害自己创造的文化价值。正是人类文明之树的果实，使得人类放弃了安全的、本能存在的固有小环境，然而也是文明使人类的生存环境延伸到世界范围内，并让人类的内心留下这样一个责任性的话题：我可以屈服于内心的本能吗？或者我这样做的话，会不会危及到我们人类社会的最高价值呢？最重要的是，思维意识不可避免地迫使我们意识到，作为人类社会的成员，我们是整体的一部分，这种意识让我们不得不面对这个问题：如果我所有事情都按照内心冲动行事，那么又会发生什么呢？康德（Immanvel Kant）①从生物学角度提出了类似问题：个人行为的准则能否上升到自然的一般法则呢？或者结果是否有悖常理呢？

在人类语言的最高意识上，真正的道德标准是以动物没有精神能力为前提的。相反，如果没有一定的感情基础，人类的责任也无从谈起。即使是人类的道德意识，也根植于内心深处的本能"层面"上，所以即使按"层面"上的理性做事也未必不会受到惩罚。当伦理标准充分地为某一行为辩护时，内心的本能情感却可能在反抗，这时，如果一味地听从理性，忽视情感的话，人类便会十分痛苦。关于这一点，我将在下文中讲述一些小故事。

许多年前，我曾经在动物园协会任职，在那里我饲养过6条小蟒蛇，它们主要以死家鼠和田鼠为食。一只小蟒蛇一顿能吃下一整只大家鼠，每周要喂食两次，因此我习惯了为每条蟒蛇杀死一只家鼠，而它们会温驯地享受我手中的食物。因为家鼠比田鼠难养，所以研究所便养了许多的田鼠。本来用田鼠喂蛇没什么问题，但我不得不杀死小田鼠，那圆滚滚

---

① 康德（1724~1804），德国哲学家、天文学家。——编者注

的脑袋、大大的眼睛、肥肥的小短腿和婴儿般笨拙的动作，看起来那么的可爱。我不愿意用它们做蟒蛇的食物，可是当家鼠被我宰杀导致数量骤降引起了动物饲养部门的不满后，我不得不重新用小田鼠做食。我问自己究竟是一名经验丰富的动物学家还是一名多愁善感的老女人？最终我狠下心来，杀了6只小田鼠去喂小蟒蛇。从康德学派的伦理学角度来看，这种行为完全正当，理性告诉我们，宰杀小田鼠和老家鼠都无须受到谴责。但这些大道理对人类灵魂最深处的情感来说，都不重要。这次，我的理性战胜了情感，理性使我打消了抑制杀死幼鼠的冲动，我为此付出了极高的代价。我连续一周都做噩梦，每晚，我都梦到自己在屠杀田鼠。在梦中，幼鼠比实际中更温顺，更惹人怜爱，它们的脸仿佛婴儿的脸庞，哭声也和人类的一样，无论我怎么使劲地摔它们的脑袋（速度最快，痛苦最小的杀小动物方式），它们也不死。我就不再描述那些更可怕的恶魔了，毫无疑问，杀害幼鼠对我造成的影响，几乎让我患上轻微的神经衰弱。不管怎样，我从中吸取了教训，从此以后，我不再因为多愁善感或听从内心深处的情感而痛苦，不管康德的伦理学原则是多么的合理，我也选择忽视，但这让我无法再从事涉及相关领域的研究。从道德角度看，我无法谴责他人，只有我自己知道杀死6只幼鼠而承受的压力有多大，我当时的伦理动机战胜了内心的情感抑制，在我看来就如同杀了一个人的经历，可想而知我的心理创伤有多深了。如果那些死去的幼鼠连续数晚缠绕在我的梦中，那么我可以拥有杀人凶手的心理了，这也是为什么美国作家爱伦·坡的作品《泄密的心》那么的可信了。

这种深深根植于情感中的悔恨，在智力发展较好的社会性动物身上也会出现，这是我观察了许多狗的行为模式后，才得出了这个结论。我已经描述过我的法国斗牛犬布利，它虽然已年老，但情绪仍是喜怒无常。在一次滑雪旅行后，我买回了一只汉诺威猎犬，或者确切地说是这只狗"捕获"了我，因为它非要跟着我回到维也纳（第十四章　情感的要求中提过）。它的到来对布利来说是个沉重的打击，如果我知道这只老狗会因嫉妒而这么痛苦的话，我应该不会把漂亮的赫斯曼带回家。那些日子，家里弥漫着沉重、紧张的气氛，而最终爆发了一场迄今为止我见过的最激烈的狗与狗大战，而且还是唯一一次发生在主人房间里的战斗。通常情况下，即使是不共戴天的仇敌在主人的房间里也会休战。当我试图拉开这两只打斗者时，布利却出乎意料地狠咬了我的右手小指关节处一下。当战斗结束后，布利的神经系统却遭受了前所未有的严重打击，尽管我并没有斥责它，不断地抚摸安慰它，但它却完全崩溃了，像瘫痪了似的躺在地上，无法起来。它如发烧般浑身颤抖，每隔几秒钟就抽搐一次。呼吸也十分急促，不时地从胸中吐出深深的叹息，眼眶也不断溢出大大的泪珠。由于它自己无法站起来，我不得不每天数次把它搬到街上，然后，它自己设法回到家中，精神上的重创使得它的肌肉有些萎缩，所以它只能慢慢地爬上台阶，不知道之前情况的人，看到布利那时状态都以为它患了重病。过了很多天，它才开始进食，而且还是我连哄带骗地让它吃了点东西。一连数周，它靠近我时，总是摆出谦卑的样子，这和它以前任性且毫无奴性的行为形成了巨大的反差，十分可悲。它这种严重的自我道德谴责对我也产生了巨大的影响，让我觉得收养赫斯曼是不可饶恕的行为。

另一段同样令人感动但却没那么悲痛、忧伤的经历也发生在我身上，那是一只叫邦左的英国斗牛犬，是我们在阿尔腾贝格的邻居家的狗。这只狗对陌生人非常凶，但对主人的朋友却十分温顺，它不仅和我很熟，而且偶尔在路上遇到我的时候，还会礼貌热情地问候我。有一次，这家女主人邀请我到家中喝茶，我骑着摩托车过去，把车停在森林里唯一的一幢房子前，当我下车背对着门，正准备弯腰停车时，邦左飞奔过来，用牙齿咬住我的腿，使出全身力气紧紧咬着不放，原来是因为我穿着连身工作服，而且还背对着它，所以邦左才没认出我。我十分痛苦地喊着它的名字，它像中弹一样，立刻趴倒在我面前。显然，这是一场误会，我的衣服很厚，没受重伤（皮肤表面的擦伤对摩托手来说不算什么），我不断和邦左说话，爱抚安慰它，一会儿就忘记了这件事。但是这只斗牛犬并非如此，它整个下午都围在我身边打转，我喝茶时它还靠在我的腿边。我一看它，它就会笔直地坐起身，用那凸出的眼睛凝视着我，疯狂地伸出爪子，祈求我的原谅。几天后，当我们在街上相遇时，它不像之前那么热烈地欢迎我，而是谦卑地伸出爪子，而我则欣然地和它握了握手。

评价这两只狗的行为前，必须要先了解这两条狗从前未咬过我和其他任何人，也从未因此受过惩罚的历史背景。那么，它们如何知道自己无意的行为是罪行呢？想必它们做错事后的心理状态和我杀死那些幼鼠后的状态是一样的。它们做了一些内心情感不允许它们做的事情，但事实上，这并非故意而为之。虽然从道德角度看是可以饶恕的，但"犯罪者"的心理却备受煎熬。

另一种完全不同的良心愧疚，会发生在聪明的狗身上。它们做的事情从本能的社会抑制角度是可以理解的，可以饶恕的，但却是精心训练时严令禁止的行为。如果动了"禁忌"之物，它们通常会露出虚假的天真、不自然表情，聪明的狗（和小孩一样）知道在这种情况下该如何掩饰自己，所有有经验的养狗者都知道这是为了掩藏其内心的愧疚。由于这种行为和人类有着惊人的相似，所以惩罚者很难真的给予必要的惩罚，我自己也很难惩罚那些根本没想到自己会受到惩罚的初犯者。

老沃尔夫是我的松狮犬和德国牧羊犬的后代，因为身体中狼血统的特点还很明显，所以像一位嗜血的猎人。但不管怎样，它都不会猎杀我饲养的家禽。但对那些陌生的新成员，它总是会给我们带来惊吓。那是某年的圣诞节，我的妻子送给我4只半大的孔雀，我们还没来得及为它们担心时，老沃尔夫就已经闯入它们笼中，在我到达之前，杀死了一只孔雀。它为此受到了严厉的惩罚，从此之后，便再也没正眼瞧过剩下的孔雀。这些孔雀是我们饲养的第一批非家禽类的鸟类，因此老沃尔夫脑中显然没形成任何不能侵犯的概念。

它对不同鸟类的自控力以及区分鸟类的能力，在我看来非常有趣。也可以说，它完全从抽象概念上去区分它们。在它眼中，所有的鸭子都是不可侵犯的，即使那些和鸭子相距甚远的物种，它也能不用告诫，就知道不能侵犯。因为我已经教过它不能杀害孔雀，所以我认为它也会像尊重鸭子那样，尊重所有的非家禽类动物，但我的想法却大错特错了。为了孵蛋，我买了一些怀恩多特母鸡，老沃尔夫再一次闯入笼子中，把7只鸡全部杀害，但却一只也没吃。这次，它又受到了轻微的惩罚，但也足以让它明白禁忌所在。之后，我们又买了一些母鸡，老沃尔夫再也没有招惹过它们。几个月后，我又收到了一些白鹇和金鹇，这次我学乖了，把狗叫到笼子前，轻轻地将它的鼻子按到野鸡的脸上，一边说着平时的威胁性话语，一边轻轻地拍打它。这种预防性措施的效果很好，老沃尔夫从此没有伤害过任何一只鸡。不过之后，它却做了一件十分有趣的事情。在一个美好的春天早晨，我来到花园中，令我惊讶的是，我看到老沃尔夫站在草地中央，嘴里叼着一只野鸡。它没有看到我，所以我可以悄悄地观察它，奇怪的是，它没有摇晃或者粗暴地对待这只野鸡，只是安静地站在那里，表情十分困惑。当我喊它的时候，它也没有露出任何愧疚的痕迹，而是高兴地欢迎我的到来，嘴里还叼着那只鸡，高举尾巴，直奔我小跑过来。然后，我发现它嘴里叼着的不是我养的鸡，而是一直野鸡。显然当它发现这只"入侵者"时，这只十分聪明的狗深思熟虑过它到底属不属于"不可侵犯"的对象。一开始它把这只鸡当作了普通的猎物，前去追捕，也许是它的气味让它想到了那些不能侵犯的家养鸡，所以放弃了杀死它的念头。如果是其他的猎物，可能早已一命呜呼了。这只精神矍铄的公鸡，最后毫发无伤，在我们的一个鸡舍中生活了很多年，并和其中一只人工饲养的母鸡，孕育了一些小鸡。

我那些凶猛的大狗，对阿尔腾贝格研究院中的动物都十分恭敬，以至于那些动物遇到其他狗时几乎毫无防范意识，也不逃跑。你可以教会狗不能伤害鹅，但却不可能教会鹅不要招惹狗。为了避免冲突，狗总是有意避开灰雁，但显然后者错误地将狗的这种行为归因于自己英勇的战斗能力。灰雁的这种大无畏的精神简直令人惊讶，我曾在一个寒冷的冬天目睹过下面的场景：3只大狗冲到花园的篱笆处，朝着对面的敌人狂吠。在它们的"吠叫线"之间，6只野雁紧紧地围在一堆儿，3只狗一直叫着，想让它们自动离开。但没有一只野雁有起身离开的意愿，只是伸长了脖子，朝着狗叫的方向发出咝咝的声音。在回来的途中，这3只狗绕开了来时的路，避开这些"胆大包天"的野雁，在厚厚的雪地中留下一个弧型的脚印痕迹。

这个群体的首领是只老雄雁，一个专制的暴君，似乎觉得戏弄狗是它的专有权利。那时，它的妻子正在我们花园通往院子的入口处台阶上孵蛋。门一打开，狗就会朝着入口处吠叫，这是它们自愿接受的职责，而且还经常在台阶处上下巡视。不久之后，这只雄雁就发现如果藏到台阶的最上面，就可以抓住天赐的良机，在狗经过时拽它们的尾巴，戏弄一番。如果狗想安然无恙地抵达门口，唯一的办法就是把尾巴紧紧地夹在两腿之间，然后快速地从这个发出咝咝声的"恶魔"身旁穿过去。布比是家父的爱犬，也是我的母狗提托的儿子，是前文提到的老沃尔夫的祖父，是我现在的母狗苏西的曾曾曾曾曾祖父。布比性格温和却十分敏感，它对这只雄雁的侵犯十分反感，因为它是这3条狗中被侵犯次数最多的一只。每次经过台阶时，它都会预先发出痛苦的哀嚎，这个事件最终演变成一个悲喜交加的戏剧性结果。在一个晴天，这只"坏家伙"横尸在自己的岗位上，尸骸显示它的头盖骨底部有轻微断裂的痕迹，显然是被狗咬伤的，而布比也不见踪影，吃饭的时候都没出现。我们仔细搜寻之后，才在狗平时很少去的阁楼洗衣房的阴暗角落中找到它，它缩在一堆货物箱子中间，精神已经完全崩溃。我清楚事情的经过，就仿佛身临现场一般：这只老雄雁紧紧抓住急速跑过去的布比的尾巴，因为过于疼痛，出于自卫，布比控制不住地咬了它一口。不幸的是，布比的门齿咬到了这个"老恶魔"的头盖骨，造成了致命伤，而这只雄雁已经25岁高龄，它的骨头不堪一击。布比并没有因此受到惩罚，"受害者"特殊的身体状况，再加上事故发生在量刑减轻的情况下，所以布比被我"无罪释放"。这只老雄雁也成了我们周末的晚餐，它的死亡帮助我们打破了"老雁肉难嚼"这一广泛流传的说法。这只雁又大又肥，吃起来十分可口，我们享受了一顿丰盛的大餐。我的妻子对这只活了25年的雄雁肉质还能这么嫩滑表示十分不可思议。

第十八章

忠诚和死亡

　　狗的个体差异非常明显，因为它们作为家养的动物，在行为上，比那些非家养的动物展现出更多的个体差异性。相反地，在它们的内心深处和主人的本能情感却十分相似，一个人在爱犬死后，立刻饲养一只同种类的小狗，那么人类因"老朋友"死亡的内心空虚很快就会被这只小狗填满。

生命无常，我们无法左右，
害怕失去，但也只能哭泣。

——《十四行诗》，莎士比亚

　　上帝创造世界的时候，显然没有预见人类和狗之间会存在这样深厚的友谊。出于某种无法解释的原因，狗的寿命只有主人的五分之一。人的一生中难免会面临一些伤痛：当我们和爱的人告别时，当我们眼见比我们年长数十年的亲人，逐渐离我们而去时，我们不禁会问自己，将感情寄托给一个和我们同日出生，和我们一起度过美好童年的伙伴，但却因为自然的生老病死早早死亡的动物身上究竟是对是错？看到一只几年前还在蹒跚学步的小狗，逐渐显示出老态，两三年后就离我们而去的时候，我们不禁会感叹岁月如梭，生命无常。我必须承认爱犬的逐渐老迈总会让我十分悲痛，当我想到即将到来的悲伤，我更是忧郁不已，痛苦万分。当爱犬年迈，因一些绝症的病痛折磨而痛苦不堪时，主人都会经历严重的心理冲突，面对重大的选择：是否该结束它的性命，让它毫无痛苦地离开？但奇怪的是，命运总是让我免于作这样痛苦的决定，除了其中一条狗之外，我养的所有狗都死于突然事件或者无痛苦的自然死亡，根本无须我的插手。但不是所有人都像我这么幸运，所以对那些无法面对生离死别而对养狗犹豫不决的人，我也不能一味地求全责备。事实上，在人的生命中，所有的喜悦都是以尝受痛苦为代价的，就像彭斯所说：

快乐就像飘散的罂粟花，

你摘到了花朵，一会就凋谢了；

或是像落在河中的雪花，

尽管纯洁一时，但却永久地化了。

从根本上来说，我认为那些因害怕命运迟早会消逝，就放弃与生命中那些可以拥有的也符合伦理的快乐动物相遇的人，是十足的逃避者。不愿为快乐遭受痛苦的人，最好隐居到老处女住的阁楼中，像不开花的树一样，逐渐凋零。诚然，一只忠诚陪伴了主人15年的狗的死亡，的确会让人痛苦万分，就仿佛挚爱的人去世时一样。但从根本上来说，狗的死亡带来的痛苦会少一些。人类朋友在生命中的地位总是不可取代的，但狗却可以被另一只替代。和所有人一样，我也承认狗是个独立的个体，有着自己的性格特点，但狗和狗之间比狗与人之间有更多的相似性。生物间的个体差异和它们的智力发展程度成正比，同一种类的两只鱼的行为和反应，几乎完全一样。但对于熟悉动物行为的人来说，两只金仓鼠和两只寒鸦之间的行为则有显著的差异，两只灰鸦或两只灰雁也是有明显区别的个体。

狗的个体差异性更是明显，因为它们作为家养的动物，在行为上，比那些非家养的动物展现出了更多的个体差异性。相反地，在它们的内心深处和主人的本能情感却十分相似，一个人在爱犬死后，立刻饲养一只同种类的小狗，那么人类因"老朋友"死亡的内心空虚很快就会被这只小狗填满。一定条件下，新养的小狗给主人带来的慰藉十分完整，甚至会让主人对死去的狗有羞愧感。如果倒过来，狗则会比它的主人忠诚得多，在半年内，几乎都不会去找另一个主人。在那些对动物没有道德责任感的人来看，这种羞愧感十分荒谬，但我本人对此却有完全不同的理解。

　　有一天，当我发现我的老布利因遭受夙敌的致命咬伤而死在路边时，我为它没留下子嗣，没人代替它的地位而深感遗憾。那时，我只有17岁，是第一次失去狗，我对它的思念之情难以言表。多年来，它一直是我形影不离的伙伴，它在我后面慢跑时那一瘸一拐的节奏（它前腿骨折后，医治不当才落下这个病根的）和我的脚步声相得益彰，当这一切都不在的时候，我才意识到我再也听不到它那笨重的脚步声和随之发出的鼻息声了。在布利死后的那段日子里，我终于明白那些单纯的人为什么会相信死后有灵魂存在了：之后的几周，这只狗多年来在我身后小跑的声音一直萦绕在我的脑海中（心理学上称之为"幻听"现象）。

　　在宁静的多瑙河畔，这种声音越发明显，如果我下意识地认真去听，脚步声和鼻息声便会立刻停止，但当我的思绪开始漫游时，这种声音又再次出现。直到提托的出现，那时它还是个刚刚蹒跚学步的小狗，当它在我身后慢跑时，布利的亡灵，才最终消失。

　　现在，提托也去世好久了！但它的灵魂仍然跟在我的身后，我对此采取了一个十分特殊的方式。当提托和布利一样毫无征兆地在我面前死去时，我意识到会有另一只狗像提托那样取代布利的位置，我对自己的不忠十分羞愧，所以在它的仪式上发了一个奇怪的誓：从今以后，只有提托的后代能伴我左右。由于生物学的原因，人无法只对一只狗忠诚，但却能对某一物种忠诚。

即使是人类，我们夸张的个性也会通过遗传方式被保留下来。我的小女儿，在尴尬的时刻，会十分傲慢地回头，这个动作和她从未谋面的祖母十分相似。她和她的弟弟沉思时，那皱眉的动作和我妻子的父亲也一模一样，这难道就是人世间的轮回吗？我天生就有一双观察细微运动变化的锐利眼睛，这使我注定从事观察动物的工作。由于我的这种敏锐的观察能力，当我看到我的孩子和她们的祖父母有一样的动作时，总是深受感动。毕竟，这些动作是那些镶嵌在基因里的符号（无论是好的坏的，可取的还是危险的）。我不可思议地发现我的一个孩子，身上有时会依次出现我的4个祖父母的性格特征，有时甚至是一起出现。如果我了解他们的曾祖父母，我可能也会在我的孩子身上看到他们的影子，甚至可能发现他们的性格在我的后代中混乱地分布着。

当我在小母狗苏西身上看到那天真率直的个性时，我时常会有灵魂不朽的想法，因为我十分熟悉它所有的祖先。在我们的养殖场中，近亲交配是不可避免的，也是被允许的。由于狗的性格比人类的简单得多，因此遗传性在后代子孙那里就越发的明显，所以祖先的性格也更容易遗传给后代。在动物身上，遗传性比人类会多得多，它们祖先的精神也会立刻遗传给子孙，死者的性格特征在活着的后代身上十分明显。

当我假惺惺地佯装高兴，接待那些打扰我工作的客人时，苏西绝不会被我的言辞所骗，它会执拗地朝着"入侵者"咆哮和吠叫（当它稍微大些的时候，甚至会轻咬对方），这只小狗不仅继承了提托能阅读我内心深处情感的本事，而且完全就是另一个提托，是它完美的化身！当苏西在干净的草地上为了捕鼠夸张地跳跃时，它展示出的热情就和它的松狮犬祖先佩吉一样，此时它就是佩吉的化身；当它在训练"躺下"的技能时，它总是会找各种空洞的借口站起来，而这些理由它的曾祖母11年前就用过；当它像斯塔西似的，在水池中打滚、在泥巴里玩耍，然后浑身粘着泥土天真地走回家时，它又是斯塔西转世；当它沿着宁静的河畔，途经落满灰尘的道路和城市街道，跟我一起散步时，它会紧紧地跟着我，这时，它和所有的狗一样，和从第一只豺被驯养后的每一只跟着主人的狗一样，是爱与忠诚的化身。